家装材料选购与施工指南系列

基础与水电材料

王红英 编著

选购技巧

施工要点

装修内幕

中国建筑工业出版社年度品牌巨献·重点策划出版项目·聚集国内一线装饰材料专家

包容市场上能买到的**180种**家装材料，附含**1800张**实景图片

指明材料**名称**、**特性**、**规格**、**价格**、**使用范围**

重点分析材料的**选购技巧**与**施工要点**，揭开**装修内幕**

中国建筑工业出版社

图书在版编目（CIP）数据

基础与水电材料／王红英编著. —北京：中国建筑
工业出版社，2014.5
（家装材料选购与施工指南系列）
ISBN 978-7-112-16549-0

Ⅰ.①基…　Ⅱ.①王…　Ⅲ.①住宅－室内装修－装
修材料－基本知识　Ⅳ.①TU56

中国版本图书馆CIP数据核字（2014）第046261号

责任编辑：孙立波　白玉美　率　琦
责任校对：张　颖　党　蕾

家装材料选购与施工指南系列

基础与水电材料
王红英　编著

*

中国建筑工业出版社出版、发行（北京西郊百万庄）
各地新华书店、建筑书店经销
北京锋尚制版有限公司制版
北京方嘉彩色印刷有限责任公司印刷

*

开本：880×1230毫米　1/32　印张：4½　字数：130千字
2014年5月第一版　2014年5月第一次印刷
定价：30.00元
ISBN 978－7－112－16549－0
（25294）

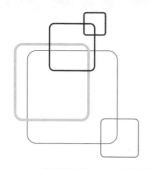

前　言

　　家居装修向来是件复杂且必不可少的事情，每个家庭都要面对。解决装修中的诸多问题需要一定的专业技能，其中蕴含着深奥的学问。本书对繁琐且深奥的装饰进行分解，化难为易，为广大装修业主提供切实有效的参考依据。

　　家居装修的质量主要是由材料与施工两方面决定的，而施工的主要媒介又是材料，因此，材料在家居装修质量中占据着举足轻重的地位，但不少装修业主对材料的识别、选购、应用等知识一直感到很困惑，如此复杂的内容不可能在短期内完全精通，甚至粗略了解一下都需要花费不少时间。本书正是为了帮助装修业主快速且深入地掌握装修材料而推出的全新手册，为广大装修业主学习家装材料知识提供了便捷的渠道。

　　现代家装材料品种丰富，装修业主在选购之前应该基本熟悉材料的名称、工艺、特性、用途、规格、价格、鉴别方法7个方面的内容。一般而言，常用的装修材料都会有2~3个名称，选购时要分清学名与商品名，本书正文的标题均为学名，对于多数材料在正文中同时也给出了商品名。了解材料的工艺与特性能够帮助装修业主合理判断材料的质量、价格与应用方法，避免错买材料造成不必要的麻烦。了解材料用途、规格能够帮助装修业主正确计算材料的用量，不至于造成无端的浪费。材料的价格与鉴别方法是本书的核心。为了满足全国各地业主的需求，每种材料都会给出一定范围的参考价格，业主可以根据实际情况选择不同档次的材料。鉴别方法主要是针对用量大且价格高的材料，介绍实用的选购技巧，操作简单，实用性强，在不破坏材料的前提下，能够基本满足实践要求。

　　本套书的编写耗时3年，所列材料均为近5年来的主流产品，具有较强的指导意义，在编写过程中得到了以下同仁提供的资料，在此表示衷心感谢，如有不足之处，望广大读者批评、指正。

编著者

2014年2月

本书由以下同仁参与编写（排名不分先后）

鲍　莹　　边　塞　　曹洪涛　　曾令杰　　付　洁　　付士苔　　霍佳惠
贺胤彤　　蒋　林　　王靓云　　吴　帆　　孙双燕　　刘　波　　李　钦
卢　丹　　马一峰　　秦　哲　　邱丽莎　　权春艳　　祁炎华　　李　娇
孙莎莎　　吴程程　　吴方胜　　赵　媛　　朱　莹　　孙未靖　　刘艳芳
高宏杰　　祖　赫　　柯　孛　　李　恒　　李吉章　　刘　敏　　唐　茜
万　阳　　施艳萍

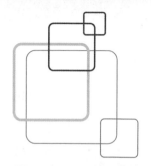

目　录

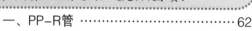

第四章　电路线材 ················ **95**

电路线材的选购要特别注意质量，除了选用正宗品牌的线材产品外，还要选择优质的辅材，配合严格、精湛的施工工艺，才能保证使用的安全。

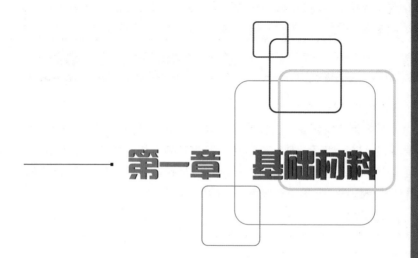

第一章　基础材料

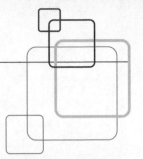

第一章 基础材料

基础工程是家居装修中必不可少的工序，主要包括住宅墙体改造、水电隐蔽工程等，其中会用到各种砖材、水泥、砂石、混凝土、金属等材料，这类材料虽然品种单一，但是全国各地的产品质量却参差不齐，鉴别这类材料的质量难度较大，装修业主选购时应该特别注意材料的品质，不要被低廉的价格所迷惑，以免影响后期的施工质量。

一、砖材

砖是用来砌筑墙体的传统材料，是一种小型的人造块材，俗称砖头。砖的外形多为直角六面体，也有各种异形产品。目前，砖按品种划分，主要有黏土砖、煤矸石砖、灰砂砖、粉煤灰砖、炉渣砖、混凝土砖等。标准实心砖的规格为240mm×115mm×53mm，价格为0.15~0.4元/块，具体价格受地域、运输、政策等条件的影响。

1. 黏土砖

黏土砖是最传统的砖材，是以黏土为主要原料，经泥料处理、成型、干燥、焙烧而成，又称为烧结砖（图1-1、图1-2）。

黏土砖原料就地取材，价格便宜，经久耐用，还有防火、隔热、隔声、吸潮等优点，在装修工程中一直都使用广泛（图1-3），其中废碎砖块还可以用于制作混凝土。但是黏土砖的砖块小、自重大、耗土多，

图1-1 实心黏土砖

图1-2 空心黏土砖

部分地区开采黏土会占用耕地。因此，黏土砖目前多用于能就地取材的村镇的住宅装修。

标准黏土砖的规格为240mm×115mm×53mm。每块砖干燥时约重2.5kg，吸水后约为3kg。此外还有空心砖与多孔砖，空心砖的规格为190mm×190mm×90mm，密度为1100kg/m³。多孔砖的规格为240mm×115mm×90mm，密度为1400kg/m³。

选购普通黏土砖时，应该注意外形，砖体要平整、方正，外观无明显弯曲、缺棱、掉角、裂缝等缺陷，敲击时发出清脆的金属声，色泽均匀一致。虽然目前城市已经禁止销售黏土砖了，但是很多业主仍然持传统观念，认为黏土砖质量优异，故而四处打听购买建筑拆迁的旧砖。但其实旧砖受潮腐蚀后质量并不稳定，在拆迁过程中还会遭到外力的撞击，强度减弱不少，因此不建议购买（图1-4）。

目前，在黏土砖的基础上，市场中又出现了页岩砖，主要是利用黏土自然沉积后形成的岩石制造出来的。其中，由黏土物质硬化形成的微

图1-3　黏土砖砌墙

图1-4　回收旧黏土砖

图1-5　普通页岩砖

图1-6　彩色页岩砖

小颗粒易裂碎，很容易分裂成明显的岩层，具有页状或薄片状纹理，用硬物击打易裂成碎片，可以再次粉碎烧制成砖。页岩砖的规格与黏土砖相当，但是边角轮廓更为完整，适用于庭院地面铺装或非承重墙砌筑，属于环保材料（图1-5、图1-6）。

2. 煤矸石砖

煤矸石砖的主要成分是煤矸石，它是在采煤与洗煤过程中排放的固体废物，生产成本较普通黏土砖低，用煤矸石制砖不仅节约土地，还能消耗大量矿山废料，是一种环保、低碳材料（图1-7、图1-8）。

煤矸石砖按孔洞率可以分为实心砖、多孔砖、空心砖3种，其中实心砖是无孔洞或孔洞率＜25%的砖，多孔砖的孔洞率≥25%，空心砖的孔洞率≥40%。孔的尺寸小而数量多的砖，常用于承重部位，强度等级较高。孔的尺寸大而数量少的砖，常用于非承重部位，强度等级偏低。煤矸石砖的整体强度没有黏土砖高，但是并不影响住宅装修中的墙体、构造的承重性能。目前，全国各地都在推广煤矸石砖，生产厂家不计其数，具体产品的规格与黏土砖一致，但是在装修中用于墙体砌筑的煤矸石砖多为200mm×120mm×55mm，密度为1300kg/m³。

煤矸石砖的环保性是指在生产工艺与材料来源上具有节能效应，但是在选购时要注意煤矸石砖是否具有辐射性，全国各地的煤矸石材料来源不同，关于这一点要查看厂家的生产资格与执行标准。虽然多数厂家的原料与产品都具备合格标准，但是为了使用安全，煤矸石砖一般不建议用于室内墙体的砌筑，多用于住宅庭院、户外构造砌筑。

图1-7　煤矸石砖坯

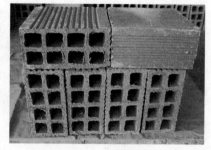

图1-8　煤矸石砖

3. 灰砂砖

灰砂砖是以砂和石灰为主要原料，掺入颜料与外加剂，经过坯料制备，压制成型，经高压蒸汽养护而成的砖（图1-9、图1-10）。灰砂砖是一种技术成熟、性能优良且节能的新型多孔砌筑材料，适用于住宅装修的承重墙体。

灰砂砖外观呈灰白色，颗粒较细腻，有毛刺感，是一种良好的隔声材料。灰砂砖蓄热能力显著，隔声性能十分优越，属于不可燃材料，但是不能用于长期受热200℃以上、受急冷急热与有酸性介质侵蚀的部位。灰砂砖产品规格同粉煤灰砖一致，但是密度小，尤其是孔隙较大的产品为500~800kg/m³，具体根据制品的孔隙率大小决定，但是可以使砌筑构造自重降低20%左右。灰砂砖是家居装修隔墙的主要用砖，能提高墙体的隔声性能，且自重较低，特别适用于楼板底部无横梁的区域砌筑。

选购灰砂砖时，要注意砖材的边角应当整齐一致，不能有较为明显的残缺，可以用力将砖块向地面摔击，以不断裂、破碎为合格。砖块的截断面质地应当均匀，孔隙大小一致，不能存在大小不一且特别明显的石砂颗粒。

4. 粉煤灰砖

粉煤灰是煤燃烧后产生的细灰，是燃煤发电厂排出的主要固体废弃物，也是我国当前排量较大的工业废渣之一。粉煤灰砖无须焙烧，仅需提供养护用的蒸汽，燃料消耗低，减少了对大气的污染。粉煤灰砖是采用粉煤灰、石灰、石膏、电石渣、电石泥等工业废弃固态物，经过高压或蒸汽养护而形成的砖体，广泛用于各种墙体与构造砌筑（图1-11、

图1-9 实心灰砂砖

图1-10 空心灰砂砖

图1-11　粉煤灰砖

图1-12　粉煤灰砖湿水

图1-13　粉煤灰砖砌墙

图1-14　粉煤灰砖墙体

图1-12）。

粉煤灰砖表观密度小，导热系数小，对改善建筑功能，降低建造成本有利。但是粉煤灰砖不能用于长期受急冷急热的环境，或用于有酸性物质侵蚀的部位。粉煤灰砖的外观方正，表面呈青灰色（图1-13、图1-14），也可以根据需要加入颜料制成彩色砖。粉煤灰砖的基础规格为240mm×115mm×53mm，密度为1500kg/m³左右。在生产中可以调整模具，生产成其他规格的砌块，尺寸如880mm×380mm×240mm等（图1-15、图1-16）。

由于粉煤灰砖用量大，各地生产质量不均衡，业主在选购粉煤灰砖时要注意鉴别质量的优劣。组成粉煤灰砖的颗粒一般为球状体，颗粒形体统一且比较光滑。劣质产品会掺入过多细磨砂粉、石粉、锅炉渣粉，导致不规则颗粒较多，手感粗糙，颜色偏黑黄或白色。选购时可以随意挑选几块砖，仔细比较尺寸，优质的产品应该无任何尺度误差，棱角方

图1-15　粉煤灰砌块

图1-16　粉煤灰砌块墙体

图1-17　实心炉渣砖

图1-18　炉渣砌块

正平直，用尺测量各项尺寸误差应该为2~3mm。

5. 炉渣砖

炉渣是以煤为燃料的锅炉在燃烧过程中产生的块状废渣。炉渣砖是以炉渣为主要原料，掺入适量水泥、电石渣、石灰、石膏等材料，经混合、压制成型，蒸养或蒸压养护而成的实心炉渣砖，主要用于一般住宅装修的非承重墙体与基础部位。炉渣砖的规格、颜色、性能与粉煤灰砖类似，只是砖体中的颗粒较大，密度为1400kg/m³左右，强度不如粉煤灰砖，表面呈黑灰色（图1-17、图1-18）。

在家居装修中，炉渣砖一般用于非承重墙体构造的砌筑，如填补门窗洞口、户外花台鱼池的砌筑等，由于整体较脆，在运输、使用中要注意保护。选购炉渣砖时，要注意砖材的边角应当整齐一致，不能有较为明显的残缺，可以用力将砖块向地面摔击，以不断裂、破碎为合格。砖块的截断面质地应均匀，孔隙大小一致，不能存在特别明显的石砂颗粒。

6. 混凝土砖

混凝土砖和砌块，是以水泥为胶凝材料，添加砂石等配料，加水搅拌，振动成型，经养护制成的具有一定孔隙的砌筑材料（图1-19、图1-20）。混凝土砖具有自重轻、热工性能好、抗震性能好、砌筑方便、平整度好、施工效率高等优点，不仅可以用于非承重墙，较高等级的砌块也可用于承重墙。

为了提高混凝土砖的品种和性能，目前还有加气混凝土制品，它是以砂、粉煤灰、石灰、水泥等为主要原料，掺加发气剂（铝粉）制成的轻质多孔硅酸盐砌筑制品。因蒸压后产生大量均匀而细小的气孔，故名加气混凝土砖砌块。加气混凝土砖具有轻质多孔、保温隔热、防火性能良好等特点，可钉、可锯、可刨且具有一定的抗震能力，是一种新型材料。加气混凝土砌块密度一般为500~700kg/m³，仅相当于传统粉煤灰砖的35%左右，相当于普通混凝土的20%左右，是一种轻质砌体材料，适用于住宅装修的填充墙与承重墙。普通混凝土砖呈蓝灰色，体量较大且有多种规格，常见规格为600mm×240mm（长×宽），厚度有80mm、100 mm、120mm、150mm、180mm等多种。除了实心产品外，还有各种空心混凝土砖，用于非承重隔墙。

在现代住宅装修中，混凝土砖一般都采用表面染色的彩色产品，用于户外庭院的地面铺装，其坚固耐磨的特性可以保持地面铺装的平整度，色彩变化丰富，整体造价也比常规天然石材、地砖要低很多（图1-21、图1-22）。选购混凝土砖时应主要观察砖块的截断面，其内部碎石的分布应当均匀，不能大小不一，且碎石与水泥之间无明显孔隙，此

图1-19　空心混凝土砖

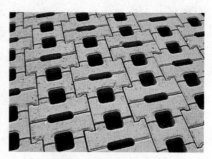

图1-20　实心混凝土地砖

图1-21 彩色混凝土砖

图1-22 彩色混凝土铺地砖

图1-23 砖墙

图1-24 砖砌花坛

外，彩色混凝土砖颜色的渗透深度应≥10mm，避免使用中因磨损而褪色。

7. 砖墙砌筑施工

砖墙是家居装修的主要构件，具有承重、围护、分隔、装饰等作用。砖墙砌筑是指将各种砖材使用水泥砂浆按顺序成组砌筑（图1-23、图1-24）。一般情况下，室内的隔墙厚度为120mm、180mm，庭院围墙厚度有500mm、370mm、240mm，其中240mm的厚度最为常用。

1）放线定位

基础墙体砌出地面后，应该使用水平仪将水平基点引到墙的四角，并标出所引出的水平点与±0.000标高。如果地基不平整可以用水泥砂浆或C20细石混凝土找平。

2）立皮数杆

皮数杆能控制墙体竖向保持标准尺度，皮数杆常用50~70mm木龙骨拼接制成，长度应该略高于砌筑墙体的高度。它可以表示墙体砖层数（包括灰缝厚度）、墙体中各种门窗洞口标高、预埋件、构件、圈梁、楼板底标高。如果构造高度与砖层皮数不相吻合，可以通过调整灰缝的厚薄进行修正（图1-25）。

3）盘角与挂线

盘角又被称为砌大角，利用砖块对墙角进行错缝砌筑，随时用线坠与水平尺校正，真正做到墙角方正、墙面顺直。挂线是指以盘角的墙体为依据，在两个盘角之间的墙体两侧挂水平线。墙两端必须绑砖块，并将线拉紧。为了不使线绳陷进水平灰缝，可以采用1mm厚的薄铁片垫放在墙角与线绳之间。

4）砖体砌筑

砌筑的前一天要对砌筑砖块与砌筑基础进行湿水，配置出1：3水泥砂浆，并根据需要在水泥砂浆中添加防水剂。砖体砌筑方法有很多，常用的有挤浆法与满刀灰法。挤浆法是先用砖刀或小方铲在墙上铺上长度≤750mm的砂浆，手持两砖向中间挤压缝隙，用砖刀将砖与缝隙调平，

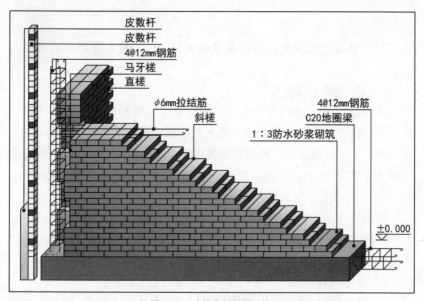

图1-25　砖墙砌筑构造示意

依次操作即可，气温超过30℃时铺浆长度应≤500mm。满刀灰法主要用于花台、转角、砖拱等局部，用砖刀挑起适量水泥砂浆涂抹在砖体表面，再将砖放在相应位置上。挤浆法与满刀灰法的运用要相辅相成才能提高效率（图1-26）。

5）勾缝清面

每砌筑1.5m高的砖墙就要及时进行勾缝并清扫墙面。勾缝时不要将砖缝内的砂浆刮掉，而是要用力将砂浆向灰缝内挤压，以便将瞎缝或砂浆不饱满处填满。勾缝时要掌握好时机，待砂浆干燥到70%后进行，否则砂浆容易被挤压到墙面上，造成墙面污染。如果等到砂浆完全结硬再勾缝，缝口则显得粗糙，影响外观质量（图1-27、图1-28）。

6）施工要点

砖墙交接处不能同时砌筑时应砌成斜槎，斜槎的长度应大于高度的60%。临时间断处可留直槎，但直槎必须做凸槎，并应加设拉结钢筋。拉结钢筋的数量为厚120mm墙体中每隔500mm高放置2根ϕ6mm的钢筋，厚240mm墙体中隔500mm高也放置2根ϕ6mm的钢筋，但370mm墙体中应放置3根ϕ6mm的钢筋，以此类推。钢筋埋入的长度从墙的留槎处算起，每边均≥1m，末端应有回转弯钩。

图1-26 砖体砌筑

图1-27 勾缝清面（一）

图1-28 勾缝清面（二）

为保证砖块各皮间竖向灰缝相互错开，必须在外墙角处砌75%的头砖。砌筑时应分皮相互砌通，内角相交处，竖缝应错开25%砖长，并在横墙端头加砌75%的头砖。而在墙的十字交接处，也应分皮相互砌通，交接处的竖缝相互错开25%的砖长。

★装修顾问★

砖材砌筑方法

下面介绍5种常见的砌筑方法，适用于不同的施工要求，供参考。

（1）全顺砖砌法。又称为条砌法，即每皮砖采取顺砖砌筑，且上下皮之间的竖缝错开50%的砖长，仅适用于厚120mm的单墙砌筑（图1-29a）。

（2）一顺砖一丁砖砌法。又称为满条砌法，即1皮砖全部为顺砖与1皮砖全部为丁砖相间隔砌筑的方法，上下皮之间的竖缝均应相互错开25%的砖长，是一种常见的砌筑方法（图1-29b）。

（3）梅花丁砖砌法。在每皮中均采用丁砖与顺砖间隔砌成，上皮丁砖放置在下皮顺砖中央，两皮之间竖缝相互错开25%的砖长，这种砌筑方法的灰缝整齐，结构的整体性好，多用于清水墙砌筑，外观平整（图1-29c）。

（4）三顺砖一丁砖砌法。连续3皮中全部采用顺砖与另一皮全为丁砖上下相间隔的砌筑方法，上下相邻两皮顺砖竖缝错开50%的砖长，顺砖与丁砖间竖缝错开25%的砖长（图1-29d）。

（5）两平砖一侧砖砌法。先砌2皮平砖，再立砌1皮侧砖，平砌砖均为顺砖，上下皮竖缝相互错开50%的砖长，平砌与侧砌砖皮间错开25%的砖长（图1-29e）。

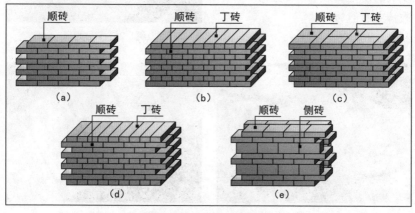

图1-29 砖材砌筑方法示意

二、水泥

　　水泥是一种粉状水硬性无机胶凝材料，加水搅拌成浆体后能在空气或水中硬化，与砂、石胶结，形成具有强度的固体（砂浆或混凝土）。适用于粘结各种墙体砌筑材料，墙地面铺贴材料，浇筑各种梁、柱等实体构造。水泥的品种繁多，在家居装修中用到的水泥产品主要为普通水泥与白水泥。

1. 普通水泥

　　普通水泥是由硅酸盐水泥熟料、石膏、10%～15%混合材料等磨细制成的水硬性胶凝材料，又称为普通硅酸盐水泥（图1-30）。普通水泥的密度为3100kg/m³，水泥颗粒越细，硬化得越快，早期强度也就越高（图1-31）。

　　水泥的运用对环境要求比较严格，要注意以下几点。首先，要避免受潮，受潮结硬的水泥会降低或丧失强度，出厂超过3个月的水泥应做复查试验。对于已经受潮成团或结硬的水泥，须筛过后使用，且只能用于次要工程的砌筑砂浆或抹灰砂浆。其次，要避免暴晒，水泥在存放时遇到暴晒，水分会迅速蒸发，其强度会大幅降低，甚至完全丧失。另外，要注意施工环境，其能与坚硬、洁净的基层粘结在一起，但其粘结强度与基层的光洁程度有关。在光滑的基层上施工，必须预先凿毛，才能使水泥与基层牢固粘结。基层上的尘垢、油腻、酸碱等物质也要注意必须清除干净，先刷素水泥浆，再抹砂浆或浇筑混凝土。最后，注意调

图1-30　普通水泥

图1-31　素水泥浆凝固

配方法，混凝土或水泥砂浆骨料中的砂石，如果存在尘土、黏土或其他杂质，都会影响水泥与砂、石之间的粘结强度，最终导致抗压强度降低。因此，如果骨料中的杂质含量过多，必须经过清洗、筛选后使用。此外，很多施工员为了便于施工，特意将混凝土或水泥砂浆调配得很稀，这样做不好，因为多余的水分蒸发后会在混凝土中留下很多孔隙，这些孔隙也会使混凝土强度降低。还有业主认为抹灰所用水泥砂浆中的水泥越多，抹灰层就越坚固。其实水泥用量越多，砂浆就越稠，抹灰层体积的收缩量就越大，从而产生的裂缝就越多，调配的水泥砂浆应在2.5h内使用完毕。

在家居装修基础工程中，砌筑墙体，浇筑梁、柱等都要用到水泥，它不仅可以增强饰面材料与基层的吸附力，还能保护内部构造。在使用中要按照要求搭配砂的比例，如砌筑砖墙可以选用1:2.5~1:3水泥砂浆（体积比），即水泥为1，砂为2.5~3。如墙面找平、抹灰，可以选用1:2~1:2.5水泥砂浆；如墙面瓷砖铺贴，可以选用1:1水泥砂浆或素水泥。

普通硅酸盐水泥的用量很大，主要用于墙体构造砌筑、墙地砖铺贴等基础工程，一般都采用编织袋或牛皮纸袋包装的产品，包装规格为25kg/袋，32.5级水泥的价格为20~25元/袋。

全国各地均有生产，选购水泥时应该注意识别质量，首先，考虑当地知名品牌，避免假冒伪劣产品。然后，查看包装时即可从外观上识别产品质量，看是否采用了防潮性能好不易破损的编织袋，看标识是否清楚、齐全。包装袋上应印制注册商标、产地、生产许可证编号、执行标准、包装日期、袋装净重、出厂编号、水泥品种等。接着，打开包装观察水泥，水泥的正常颜色应该呈现蓝灰色，颜色过深或发生变化有可能是其他杂质过多。用手握捏水泥粉末应有冰凉感，粉末较重且比较细腻，不应该有各种不规则杂质或结块形态（图1-32）。最后，询问并观察厂商的存放时间，一般而言，水泥超过出厂日期30天后强度就会下降。储存3个月后的水泥强度会下降15%~25%，1年后降低30%以上，这种水泥不应该购买（图1-33）。

2. 白水泥

白水泥的全称是白色硅酸盐水泥，是将适当成分的水泥生料烧至部

图1-32 水泥粉末手感

图1-33 水泥存放

图1-34 白水泥

图1-35 白水泥存放

分熔融，加入以硅酸钙为主要成分且铁质含量少的熟料，并掺入适量的石膏，磨细制成的白色水硬性胶凝材料（图1-34、图1-35）。

白水泥在建材市场或装饰材料商店有售，传统包装规格为50kg/袋，但是现代装修用量不大，包装规格与价格也不一样，一般为2.5～10kg/袋，2～3元/kg，掺有特殊添加剂的白水泥会达到5元/kg。

白水泥的应用方法与选购要点与普通水泥相同，只是装修业主更要注意包装上的名称、强度等级、白度等级、生产时间等信息，最好选购近1个月内生产的新鲜小包装产品，而且要特别注意包装的密封性，不能受潮或混入杂物，不同标号与白度的水泥应分别贮运，不能混杂使用。

白水泥由于自身强度不高，在装修施工中主要用来填补墙地砖、石材的缝隙（图1-36），一般不用于独立砌筑墙体或构造。在施工过程中，为了提高墙面的白度，也有施工员往白水泥中添加901建筑胶、石膏粉等材料，调和成黏度特别高的水泥浆料满刮墙面，待后期乳胶漆施

图1-36　白水泥嵌缝　　　　　　图1-37　彩色水泥

★装修顾问★

彩色水泥

除了普通水泥与白水泥外，还有用于住宅装饰构造表面的彩色水泥。白色硅酸盐水泥是彩色水泥的基础，它以硅酸钙为主要成分，加少量铁质熟料及适量石膏磨细而成。彩色水泥是在白色硅酸盐水泥熟料与优质白色石膏的基础上掺入颜料、外加剂，共同磨细而成（图1-37）。

彩色水泥施工简单，造型方便，容易维修，价格便宜。常用的彩色掺加颜料有氧化铁（红、黄、褐、黑），二氧化锰（褐、黑），氧化铬（绿），钴蓝（蓝），群青蓝（靛蓝），孔雀蓝（海蓝）、炭黑（黑）等。彩色水泥与硅酸盐水泥相似，施工及养护相同，但是容易受到污染，使用的器械与工具必须干净。

工能营造出良好的涂刷基础，还要注意的是，添加其他材料的白水泥的满刮厚度应≤3mm，涂抹过厚容易导致开裂。

三、砂石

砂石主要是指河砂与碎石，这些都是水泥、混凝土调配的重要配料。此外，具有一定形态的卵石、岩石也具有装饰性，可以直接用于砌筑构造或铺装，营造出特异的装修风格。

1. 河砂

砂是指在湖、海、河等天然水域中形成与堆积的岩石碎屑，如河砂、海砂、湖砂、山砂等，一般粒径＜4.7mm的岩石碎屑都可以称之为建筑、装修用砂（图1-38）。用于家居装修的砂主要是河砂，河砂质量稳定，一般含有少量泥土。在施工过程中，河砂需要用网筛过才能使用，网孔的内径边长一般为10mm左右（图1-39、图1-40）。水泥砂浆、混凝土中的砂用量约占30%~60%，河砂的密度为2500kg/m³。砂的粗细程度是指不同粒径的砂粒混合在一起的平均粗细程度，通常有粗砂、中砂、细砂、特细等4种，用于家居装修多为中砂。运输成本是影响河砂价格的唯一因素，在大中城市，河砂价格为200元／t左右，也有经销商将河砂过筛后装袋出售，每袋约20kg，价格为5~8元。

在现代装修中，一般建议只用河砂，不用海砂，因为海砂中的氯离子会对钢筋、水泥造成腐蚀，影响砌筑或铺贴的牢固度，造成墙面开裂、瓷砖脱落等不良影响。在选购河砂时，要注意观察砂的外观色彩，呈土黄色的为河砂，呈土灰色的为海砂，河砂中有少量泥块，而海砂中则有各种海洋生物，如小贝壳、小海螺等。还可以取少量砂用舌尖舔一下，通过咸味判断是否是海砂（图1-41）。

图1-38　河砂

图1-39　河砂网筛

图1-40　网筛砂石

图1-41　海砂

2. 石料

石料又称石头，石料泛指所有能作为建筑、装修材料的石头，一般是指粒径＞4.7mm的岩石颗粒（图1-42、图1-43），常规的石料密度为2700kg/m³左右。

1）砌体石

砌体石主要用于墙体砌筑，一般采用石材与水泥砂浆或混凝土砌筑。石材较易就地取材，在产石地区运用石材砌体比较经济、广泛。砌体石主要用作受压构件，用于底层室内的景观砌筑，或户外庭院围墙、挡土墙砌筑（图1-44、图1-45）。

石材在开采后按照加工后的外形可以分为料石与毛石两种。料石又可分为细料石、粗料石、毛料石（即块石）。在施工过程中，细料石经过细加工，外表规则，叠砌面凹入深度应≤12mm，截面的宽度、高度应≥200mm，且为长度的25%以上。粗料石规格尺寸同细料石，但叠砌面凹入深度应≤20mm。毛料石外形基本方正，一般不加工或仅稍加

图1-42　天然岩石（一）

图1-43　天然岩石（二）

图1-44　砌体石

图1-45　砌体石墙体

修整，叠砌面凹入深度应≤25mm，高度应≥200mm。毛石形状不规则，中部厚度应≥200mm。毛石砌体的内应力较砖砌体更复杂，砌体的抗压强度比石材强度低，应用范围受到较大局限。

2）鹅卵石

鹅卵石是开采河砂的附属产品，因为状似鹅卵而得名。鹅卵石作为一种纯天然的石材，表面光滑圆整，主要成分是二氧化硅，其次是少量的氧化铁与微量锰、铜、铝、镁等元素及化合物。它本身具有不同的色素，如赤红色为铁，蓝色为铜，紫色为锰，黄色半透明为二氧化硅等，呈现出浓淡、深浅变化万千的色彩，使鹅卵石呈现出黑、白、黄、红、墨绿、青灰等多种色彩（图1-46）。

鹅卵石在施工时一般是竖向插入水泥砂浆界面中，石料之间镶嵌紧密，无明显空隙，这样才能保证长久不脱落（图1-47）。一般选择形态较为完整的鹅卵石用于住宅庭院或阳台地面铺装，也可以用于室内墙、地面的局部铺装点缀。鹅卵石粒径规格一般为25～50mm，价格为3～4元／kg。如果希望提升装修品质，还可以根据各地装饰材料市场的供应条件，选购长江中下游地区开采的雨花石，其装饰效果更具特色（图1-48），只是价格要贵5倍以上。

图1-46 鹅卵石

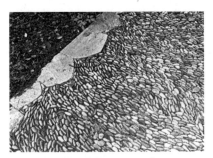

图1-47 鹅卵石铺地

图1-48 雨花石

四、砌筑砂浆

砌筑砂浆主要用于墙体、基础构造砌筑，与上述各种砌体材料搭配使用。砌筑砂浆主要胶凝材料为水泥与石灰，并添加细骨料。水泥的品种应该与混凝土相同，常采用32.5级、42.5级产品，水泥强度等级过高不仅造成浪费，还会使水泥因用量不足而导致保水性不良。石灰不仅是作为胶凝材料，更主要的是使砂浆具有良好的保水性。细骨料主要是天然河砂，所配制的砂浆称之为普通砂浆。常见砌筑砂浆主要有以下几种。

1. 水泥砂浆

水泥砂浆运用最频繁，是主要的墙体砌筑粘结材料，颜色呈深灰色（图1–49、图1–50）。水泥砂浆的强度等级有M2.5、M5、M7.5、M10、M15等多种。常见的M10水泥砂浆是指它的强度为10Mpa。配合比根据原材料不同、砂浆用途不同而不同，以常用的42.5级普通硅酸盐水泥、中砂配出M10砌筑砂浆为例，水泥需300kg，砂需1.1m³，水需190kg。用于墙体砌筑的水泥砂浆，其中水泥与砂的体积比多为1：3。水泥砂浆在施工时，还应根据需要掺入一些添加剂如微沫剂、防水剂等，以改善它的和易性与黏稠度。

2. 石灰砂浆

石灰砂浆是由石灰膏与砂子按比例搅拌，添加一定的外加剂而成的砂浆（图1–51），颜色呈灰白色，完全靠石灰的硬化来获得强度，石灰砂浆虽然早期硬度低，但是完全干燥后也很坚硬。石灰砂浆在家居施工

图1-49　水泥砂浆

图1-50　水泥砂浆抹灰

时，只能用于地面以上的构造砌筑，多用于辅助构造，如花台等，比较适合潮湿环境，但是强度较弱，其中石灰与砂的体积比多为1：3。

3. 混合砂浆

混合砂浆一般由水泥、石灰、砂子拌和而成，此外还根据需要增加了粉煤灰、石粉、滑石粉、钙粉等外加剂，颜色呈中灰色，能改善砂浆的和易性，操作起来比较方便，有利于提高砌体密实度与工作效率。现代施工多采用成品砂浆料代替石灰加入水泥砂浆，因此混合砂浆又被称之为成品砂浆，能够降低施工成本，改善劳动环境，并且环保，成品砂浆是一种新兴的绿色建材。成品混合砂浆包装规格为25kg/袋，价格比同规格包装普通水泥高20%～50%（图1-52）。

无论选用哪一种砌筑砂浆，施工时都要充分搅拌，用量较大时应采用搅拌机加工，搅拌时间应＞5min（图1-53）。掺用外加剂时，应先将外加剂按规定浓度溶于水中，加水时投入外加剂溶液，外加剂不能直接投入拌制的砂浆中。砂浆拌成后及投入使用中，均应盛入容器中。如灰浆出现沉淀积水，应在砌筑前再次搅拌。砂浆应随拌随用，水泥砂浆与水泥混合砂浆必须分别在拌成后3h内使用完毕。当施工期间最高气温≥30°时，必须分别在拌成后2h内使用完毕。

图1-51 石灰砂浆外加剂

图1-52 多功能外加剂

图1-53 搅拌机

五、混凝土

混凝土是由胶凝材料（如水泥）加水、骨料等按适当比例配制，经混合搅拌、硬化而成的一种人工石材。在家居装修中使用的混凝土是指采用水泥作胶凝材料，用砂、石作骨料，与水按一定比例配合，经搅拌、成型、养护而成的水泥混凝土，也称为普通混凝土。此外，还有用于户外墙、地面铺装的装饰混凝土。

1. 普通混凝土

普通混凝土具有原料丰富，价格低廉，生产工艺简单的特点，因而用量越来越大。同时，混凝土还具有抗压强度高，耐久性好，强度范围广等特点（图1-54、图1-55）。

混凝土强度等级是标志混凝土的抗压强度、抗冻、抗渗等物理力学性能的指标。混凝土强度等级是指按标准方法制作、养护的边长为200mm的立方体标准试件，在28d龄期用标准试验方法所测得的抗压极限强度，以Mpa（N/mm^2）计。用于住宅装修的混凝土强度通常采用C15、C20、C25、C30，数据越大说明混凝土的强度越高。

制备混凝土时，首先，应根据工程对和易性、强度、耐久性等要求，合理选择原材料并确定其配合比例，以达到经济适用的目的。现代装修通常在施工现场调配混凝土，采用搅拌机加工。搅拌前应按配合比要求配料，控制称量误差，搅拌时投料顺序与搅拌时间对混凝土质量均有影响，应严加掌握，使各组分材料拌和均匀。

图1-54　混凝土

图1-55　混凝土浇筑楼梯

★装修顾问★

常用混凝土级配的配置

（1）C15。水泥强度32.5级，粗骨料最大粒径20mm，每立方米混凝土用料为水180kg，水泥310kg，砂650kg，石料1220kg。配合比为0.58：1：2.081：3.952，砂率34.5%，水灰比0.58。

（2）C20。水泥强度32.5级，粗骨料最大粒径20mm，每立方米混凝土用料为水190kg，水泥400kg，砂540kg，石子1260kg。配合比为0.47：1：1.342：3.129，砂率30%，水灰比0.47。

（3）C25。水泥强度32.5级，粗骨料最大粒径20mm，每立方米混凝土用料为水190kg，水泥460kg，砂490kg，石子1260kg。配合比为0.41：1：1.056：1.717，砂率28%，水灰比0.41。

（4）C30。水泥强度32.5级，粗骨料最大粒径20mm，每立方米混凝土用料为水190kg，水泥500kg，砂480kg，石子1230kg。配合比为0.38：1：0.958：2.462，砂率28%，水灰比0.38。

混凝土配置搅拌后要在2h内浇筑使用，浇筑梁、柱、板时，初凝时间为8~12h、大体积混凝土为12~15h。混凝土浇筑后要注意养护，目的在于创造适当的温湿度条件，保证或加速混凝土的正常硬化（图1-56~图1-58）。不同的养护方法对混凝土性能有不同影响，我国的标准养护条件是温度为20℃，湿度≥95%。

用于家居装修的普通混凝土密度一般为2500kg/m³，普通混凝土主要用于浇筑室内增加的地面、楼板、梁柱等构造，也可以用于成品墙板或粗糙墙面找平，在户外庭院中可以用于浇筑各种小品、景观、构造等物件。普通混凝土的施工成本较高，以室内浇筑架空楼板为例，配合钢

图1-56 立柱钢筋与模板

图1-57 楼板钢筋与模板

筋、模板等施工费用,一般为800～1000元／m²。如果在施工中受环境或气候条件的限制不能在现场调配混凝土,可以向当地水泥厂购买成品混凝土,质量会更稳定(图1-59)。

2. 装饰混凝土

装饰混凝土是近年来一种流行于国外的绿色环保材料,通过使用特种水泥、颜料或选择颜色骨料,在一定的工艺条件下制得的混凝土。因此,它既可以在混凝土中掺入适量颜料或采用彩色水泥,使整个混凝土结构(或构件)具有色彩,又可以只将混凝土的表面部分设计成彩色的。这两种方法各具特点,前者质量较好,但成本较高;后者价格较低,但耐久性较差。

装饰混凝土能在原本普通的新旧混凝土的表层,通过色彩、色调、质感、款式、纹理的创意设计,对图案与颜色进行有机组合,创造出各种天然大理石、花岗岩、砖、瓦、木地板等天然石材铺设效果,具有美观自然、色彩真实、质地坚固等特点(图1-60、图1-61)。

图1-58　混凝土浇筑

图1-59　成品混凝土厂

图1-60　装饰混凝土(一)

图1-61　装饰混凝土(二)

★装修顾问★

沥青混凝土

沥青混凝土，是经人工选配具有一定级配规格的矿料（碎石或轧碎砾石、石屑或砂、矿粉等）与一定比例的沥青材料，在严格控制条件下拌制而成的混合料。沥青混凝土多用于庭院地面铺装，一般采用中粒碎石沥青混凝土，即石料的粒径为20～25mm，这也是高级沥青路面的首选材料，应用最广。

沥青混凝土多为专业搅拌站生产的成品材料，专业搅拌站能将沥青，石料等材料按一定的比例混合在一起，高温加热到150℃，再摊铺到地面上，最后用压路机压平，如果住宅庭院的铺设面达到100m²，且主要用于停放车辆，才考虑应用这种材料。此外，沥青混凝土还可以根据设计要求调配色彩（图1-62、图1-63）。

图1-62　普通沥青混凝土

图1-63　彩色沥青混凝土

装饰混凝土用的水泥强度等级一般为42.5级，细骨料应采用粒径≤1mm的石粉，也可以用洁净的河砂代替。颜料可以用氧化铁或有机颜料，颜料要求分散性好、着色性强。骨料在使用前应该用清水冲洗干净，防止杂质干扰色彩的呈现效果。此外，为了提高饰面层的耐磨性、强度及耐候性，还可以在面层混合料中掺入适量的胶粘剂。在生产中为了改善施工成型性能，也可以掺入少量的外加剂，如缓凝剂、促凝剂、早强剂、减水剂等。目前，采用装饰混凝土制作的地面，具有不同的几何、动物、植物、人物图形，产品外形美观、色泽鲜艳、成本低廉、施工方便（图1-64、图1-65）。

装饰混凝土的具体操作比较严格。首先，应将模具清理干净并刷脱模剂，饰面层原材料按配合比称重，并搅拌均匀，注入模具中振动密实成10mm厚的饰面层。然后，浇筑普通混凝土混合料至设计厚度。接

图1-64　着色剂

图1-65　装饰混凝土着色

着，将成型后的制品放入养护室内进行养护，待凝结硬化后即可脱模成为装饰混凝土制品用于地面铺装。最后，采用同色混凝土或水泥砂浆仔细填补铺装缝隙。

> ## ★装修顾问★
>
> ### 混凝土彩瓦
>
> 　　混凝土彩瓦简称为彩瓦，是近年来出现的新型住宅庭院、屋面装饰材料。混凝土彩瓦是将水泥、砂等合理配比后，通过金属模具，经压制而成，具有抗压力强，承载力高等优点（图1-66、图1-67）。
>
> 　　选购混凝土彩瓦时，要注意外观规整、边条平直，优质产品的正反面应没有缺损裂纹。可以将瓦放在平整的面上，按一下边角便可得知是否翘曲平整。此外，混凝土彩瓦的表面着色应该是油漆喷涂，且喷涂着色鲜艳，能经久不变色、不剥落，观察侧面与后部就能看到油漆的喷涂点。优质混凝土彩瓦的瓦面着色层应均匀一致且为麻面，没有任何流痕或色差。

图1-66　混凝土彩瓦（一）

图1-67　混凝土彩瓦（二）

六、金属

金属材料在基础装修工程中主要起到强化构造连接的作用，一般包括各种钢筋、钢丝等。

1. 钢筋

钢筋是指配置在钢筋混凝土及构件中的钢条或钢丝的总称。钢筋的横截面一般为圆形或带有圆角的方形。钢筋广泛用于各种装修、建筑结构，尤其在混凝土构造中起到核心承载的作用。钢筋在混凝土中主要承受拉应力，钢筋外表具有凸出的构造肋，它与混凝土之间能形成摩擦力，提高了钢筋混凝土的强度，能更好地承受外力（表1-1）。钢筋的分类很多，包括以下几种。

1）光面钢筋

光面钢筋主要为Ⅰ级钢筋，如Q235钢钢筋，轧制截面为光面圆形，ϕ10mm以下，单根长度为6~12m，卷盘长度为30~100m（图1-68）。

2）带肋钢筋

带肋钢筋有螺旋形、人字形与月牙形3种，钢筋外表具有凸出的肋，规格同上（图1-69）。

3）冷轧扭钢筋

冷轧扭钢筋是指经冷轧并冷扭成型的钢筋，规格同上。

常用钢筋规格 表1-1

规格（mm）	重量（kg/m）	规格（mm）	重量（kg/m）
6	0.2	16	1.6
8	0.4	18	2
10	0.6	20	2.5
12	0.9	22	3
14	1.2	25	3.9

图1-68　光面钢筋　　　　　　　　　图1-69　带肋钢筋

在现代家居装修中，钢筋主要用于浇筑架空楼板、梁柱的骨架材料，预先根据设计要求与承载负荷，选用相应规格的钢筋编制成钢筋网架，最终以浇筑混凝土来完成。多数钢筋的规格为$\phi 6 \sim \phi 12mm$，部分粗钢筋为$\phi 22mm$以上，长度多为6m与12m两种。钢筋的价格根据国际市场行情不断变化，优质产品的价格一般每吨为0.7万～1万元。

钢材价格较高，用量较大，因此选购时要特别注意质量。鉴别钢筋质量的方法很多，装修业主可以根据实际条件进行操作，如鉴别钢材的常规的弯曲性能与反向弯曲性能。弯曲性能是指钢筋弯曲180°后，钢筋受弯曲部位表面不能产生裂纹。反向弯曲性能，先正向弯曲45°后，再反向弯曲45°，接着后反向弯曲45°。经过1正2反弯曲试验后，钢筋受弯曲部位表面不能产生裂纹。此外，还可以目测外观，钢筋表面不能有裂纹、结疤或折叠痕迹。钢筋表面允许有凸块，但不得超过横肋的高度，钢筋表面上其他缺陷的深度和高度不能大于所在部位尺寸的允许偏差。关注尺寸、外形、重量及允许偏差，钢筋通常按长度定价，长度允许偏差应≤50mm。直条钢筋的弯曲变化不影响正常使用，总弯曲度不应大于钢筋总长度的40%，钢筋端部应剪切正直，局部变形应该不影响正常使用。

施工时，多数钢筋会经过绑扎、焊接后再浇筑混凝土，需要特别注意的是，用于绑扎主筋的箍筋质量也应该达到上述质量要求，焊接应紧密，无虚焊、漏焊。焊接后的钢筋龙骨或网架应该采用水平尺或铅垂线校对，保持水平度，及时浇筑混凝土以免生锈。

2. 钢丝

钢丝是用低碳钢或不锈钢拉制成的一种金属丝，铁丝根据用途不同，成分也不一样，它含有成分有铁、钴、镍、铜、碳、锌等其他元素。将炽热的金属坯轧成钢条，再将其放入拉丝装置内拉成不同直径的线材，并逐步缩小拉丝盘的孔径，进行冷却、退火、涂镀等加工工艺制成各种不同规格的铁丝。钢丝生产因工艺简单、应用广泛，发展较早。现在用于装修的钢丝主要有绑扎钢丝与钢丝网。

1）绑扎钢丝

绑扎钢丝主要用于金属、木质基础构造的固定绑扎，如钢筋之间、木龙骨之间、钢材与木材之间等，能起到良好的固定作用，且施工方法简单，无须采用特殊工具、设备（图1-70）。绑扎钢丝规格为$\phi1\sim\phi4$mm，长度为10～50m/卷，如$\phi1.5$mm普通钢丝价格为0.5元/m。

2）钢丝网

钢丝网是用低碳钢丝、中碳钢丝、高碳钢丝、不锈钢丝等材料编织或焊接成网状材料的总称（图1-71）。在家居装修中，钢丝网主要用于墙、地面等构造的基层铺装，能够有效防止水泥砂浆、混凝土构造开裂，起到骨架支撑的作用。钢丝网的孔径规格很多，须配合钢丝的直径规格进行选用，而不是单纯考虑直径规格，钢丝网有不同的网眼密度、尺寸，单位是目，必须有背后衬托才能安装使用，如水泥板、墙体等。

对于墙面抹灰层来使用的是网格不宜＞20mm×20mm，钢丝规格应≥$\phi1$mm，钢丝网整体宽度为0.9～3m，长度为10m/卷。钢丝网的性能主要与网孔大小、丝径、含钢量、镀锌量等有关，主要

图1-70　绑扎钢丝

图1-71　钢丝网

图1-72 钢丝网挂贴

图1-73 钢丝网抹灰

考虑钢丝网的抗腐蚀能力与使用牢固度，如墙面抹灰层可以采用10mm×10mm×1.5mm的镀锌钢丝网，价格为15～20元/m²（图1-72）。

选购钢丝材料时，要注意钢丝的镀锌量；钢丝的镀锌比丝径更关键，一般应该选用热镀产品。对于钢丝网的生产工艺而言，先焊后镀要比先镀后焊质量好。由此，可以观察钢丝网的交错部位，如果镀锌层覆盖严密则表明这是先焊后镀的产品。还可以使用360号砂纸在钢丝网表面打磨，如果能够轻松磨掉镀锌层则说明质量一般。

在装修施工时，选用钢丝网时应该注意，水泥砂浆穿透网眼背后，所挤出的砂浆需凝结后才能起到固定作用（图1-73），要求水泥砂浆充分包裹住网架，才能保证其不锈蚀，类似钢筋混凝土的保护原理。当然，也可以在使用前涂刷防锈漆，且要在钢丝网两面都涂，不能只涂一面。如果条件允许，还可以选用不锈钢钢丝网。

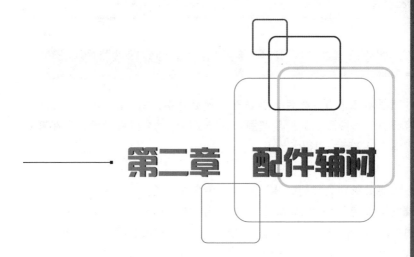

第二章　配件辅材

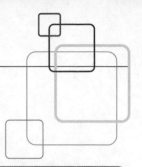

第二章　配件辅材

在家居装修中，配件辅材不一定都由装修业主购买，但是材料的质量却攸关装修品质。其实，配件辅材的价格差距也是很大的，只不过单价不高，很容易被业主忽视。如果业主选择的是清包工的装修形式，那么就得自己选购配件辅材了，其中主要包括钉子、螺丝等各种琐碎的配件。

一、钉子

钉子本属于五金配件，但是在现代装修中，钉子的品种越来越多，已经超越了传统木工的使用范围，其涉及装修的全过程，尤其是在基础工程与水电工程中显得尤为重要。

1. 圆钉

圆钉又被称为铁钉、木工钉，是最传统的钉子，以铁为主要原料，一端呈扁平状，另一端呈尖锐状的细棍形物件（图2-1）。圆钉生产一般以热轧低碳盘条冷拔成的钢丝为原料，经制钉机加工而成，主要起到固定或连接木质装饰构造的作用，也可以用来悬挂物品。

圆钉是装修中不可缺少的辅材，主要用于基础工程中的木质脚手架、木梯、设备临时安装与固定。待后期木质家具的制作则更需要圆钉作强化加固，用于木、竹制品或零部件之间的接合，木质工程中的圆钉应用称为钉接合。目前，用在装修中的圆钉都是平头锥尖型，以长度进行划分可以多达几十种。圆钢钉可以被加工成各种形态，如光身、螺旋、环纹（图2-2）、刺身等样式，表面镀层有镀锌（图2-3）、镀铜（图2-4）等多种，用于不同的施工部位。

圆钉的规格、形态多样，根据实际需要选择。圆钉的规格一般用长度与钉杆直径进行表示，主要长度为10～200mm，规格型号为10[#]～200[#]，$\phi 0.9 \sim \phi 6.5mm$（表2-1）。以钉长制定规格型号，如50[#]圆钉，其钉长为50mm。此外，以钉杆直径的大小分为重型、标准型与轻型，

图2-1 普通圆钉

图2-2 环纹圆钉

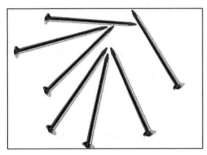

图2-3 镀锌圆钉

图2-4 镀铜圆钉

常用圆钉规格

表2-1

规格（#）	长度（mm）	直径（mm）	规格（#）	长度（mm）	直径（mm）
1	10	1	7	70	3.8
1.5	15	1.2	8	80	4.2
2	20	1.4	9	90	4.5
2.5	25	1.6	10	100	5
3	30	1.8	12	120	5.6
3.5	35	2	14	140	6
4	40	2.2	16	160	6.6
4.5	45	2.5	18	180	7.5
5	50	2.8	20	200	8
6	60	3.2			

如40#圆钉，重型钉杆为ϕ2.5mm，标准型钉杆为ϕ2.2mm，轻型钉杆为ϕ2mm。我国传统的规格单位为寸，如2寸的圆钉即钉长50mm，2寸半的圆钉即钉长60mm，4寸的圆钉即钉长100mm。市场上销售的圆钉有散装与包装两种形式，散装圆钉容易生锈，不便于保存，但是价格较低，适用于即买即用。包装产品一般以盒为单位销售，无论圆钉大小，都以盒为单位，每盒圆钉净重约0.45kg，价格为3～5元／盒。此外，为了防止传统铁质圆钉生锈，现在也可以选用不锈钢圆钉，价格则贵1倍。

选购圆钉时要注意产品质量。首先，观察包装的防锈措施是否到位，优质产品的包装纸盒内侧应该覆有一层塑料薄膜，或在内部采用塑料袋套装。然后，打开包装，圆钉表面应该略有油脂用于防锈，圆钉的色泽应该光亮晶莹，捏在手中不能有红色或褐色油迹。接着，观察多枚圆钉的钉尖形态是否一致，用手指触摸是否具有较强的扎刺感。最后，可以用铁锤敲击，检查圆钉是否容易变形或弯曲。

施工时，圆钉多采用最传统的铁锤敲击钉入，敲击力度要大但不能破坏被安装的对象，一枚圆钉被完全钉入木料中一般应该敲击3～5下，敲击次数过多会损伤木料结构。圆钉进入木料后，还应该用铁锤的圆头部位继续敲击1～2下，保证钉头能嵌入木料而不松动。

2. 水泥钉

水泥钉又被称为钢钉，是采用碳素钢生产的钉子（图2-5）。水泥钉的质地比较硬，粗而短，穿凿能力很强，当遇到普通圆钉难以钉入的界面时，选用水泥钉可以轻松钉入。水泥钉的形态、规格与上述圆钉类似，但是品种要少些，钉杆有滑竿、直纹、斜纹、螺旋、竹节等多种，一般常见的是直纹型或滑竿型。从色泽与外观上来看，水泥钉还可以分为黑水泥钉、蓝水泥钉、彩色水泥钉、沉头水泥钉、K型水泥钉、T型水泥钉、镀锌水泥钉等。此外，水泥钉还被套上塑料卡件，用于固定各种线管（图2-6）。

水泥钉一般用于砖砌隔墙、硬质木料、石膏板等界面的安装，但是对于混凝土的穿透力不太大。常规水泥钉的规格为ϕ1.8～ϕ4.6mm，长度20～125mm不等，价格要比圆钉高1.5～2倍。水泥钉的选购方法与圆钉类似，但是尖头一般不太锐利，且锥角没有圆钉锐利，鉴别质量的最好

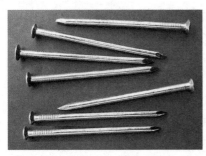

图2-5　水泥钉

图2-6　水泥钉管线卡

图2-7　射钉

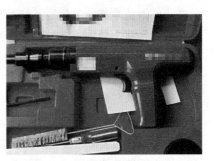

图2-8　射钉枪

方法就是将其钉入实心砖墙或混凝土墙体中，优质产品钉入实心砖墙比较轻松，钉入混凝土墙体稍有费力，而劣质产品钉入混凝土墙体会感到阻力较大，甚至发生弯曲。

　　水泥钉的施工方法与圆钉一致，但并不是所有的混凝土界面都能嵌入水泥钉，尤其在较硬的混凝土构造上，施工时应避免用力过猛，否则会产生火花，或造成水泥钉断裂、弯曲。

3. 射钉

　　射钉又被称为专用水泥钢钉（图2-7），采用高强度钢材制作，比圆钉、水泥钉更为坚硬，可以钉入实心砖墙或混凝土构造上。射钉上有配套的塑料垫圈，以保证射钉弹产生的动力集中在轴心线上，达到垂直钉入的效果。射钉一般采用火药射钉枪发射，射程远，威力大（图2-8）。

　　在家居装修中，射钉主要用于固定承重力量较大的装饰结构，如吊柜、吊顶、壁橱等中大件家具，既可以使用铁锤钉入，也可以使用射钉枪发射。射钉的规格全部统一，钉杆为φ3.5mm，长度规格为PS27、PS32、PS37、PS42、PS52等。以PS37射钉为例，长度为37mm，价格为5~6元／盒，每盒100枚。

在施工中须谨慎小心，火药射钉枪威力巨大，使用时要注意安全，如果条件简陋，也可以手工钉入，射钉的选购方法与水泥钉类似。施工员在施工时应佩戴护目镜，最大程度防止射钉反弹对人体造成伤害。

4. 地板钉

地板钉又被称为麻花钉，是在常规圆钉的基础上，将钉子的杆身加工成较圆滑的螺旋状，使钉子钉入时具有较强的摩擦力。地板钉专用于各种实木地板、竹地板安装，对于需要架设木龙骨安装的复合木地板也可以采用。常规地板钉多为镀锌铁钉（图2-9）、镀铜铁钉（图2-10），高档产品有不锈钢钉。

地板钉的规格为φ2.1~φ4.1mm，长度38~100mm不等，其中长度38mm与50mm的地板钉最常用，适用于不同规格的地板、木龙骨或安装构造。地板钉的价格与普通圆钉相当，不锈钢产品的价格要贵1倍。

地板钉的选购方法与上述圆钉类似，只是在施工安装时要注意方法。首先，在木地板的企口侧部钻孔，钻头规格为φ28mm，深度须嵌入木龙骨内10mm左右。然后，用铁锤将地板钉钉入其中，钉到接近末端时可以采用螺丝刀衬垫钉入，直至地板钉完全进入地板内，不影响地板企口的插接（图2-11）。地板钉的钉入数量与间距要根据地板的长度进行控制，一般长度方向间隔600mm钉1个，固定1块地板后间隔1~2块地板再作固定。

图2-9　镀锌地板钉

图2-10　镀铜地板钉

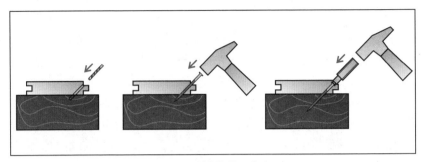

图2-11 地板钉施工方法

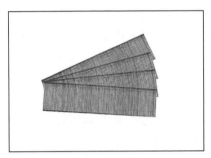

图2-12 气排钉

图2-13 气钉枪

5. 气排钉

气排钉又被称为气枪钉，材质与普通圆钉相同，是装修气钉枪的专用材料，根据使用部位可分为多种形态，如平钉、T形钉、马口钉等。气排钉之间使用胶水粘接，钉子纤细，截面呈方形，末端平整，头端锥尖（图2-12）。气排钉要配合专用气钉枪使用，通过空气压缩机加大气压推动气钉枪发射气排钉，隔空射程可达20m以上（图2-13）。

在家居装修中，气排钉已成为木质工程的主要辅材，用于钉制各种板式家具部件、实木封边条、实木框架、实木或石膏板构造等。经气钉枪钉入木材中而不漏痕迹，不影响木材继续刨削加工及表面美观，且钉接速度快，质量好，因此应用范围十分广泛。

气排钉常用长度的规格为10～50mm不等，产品包装以盒为单位，标准包装每盒5000枚，价格根据长度规格而不等，常用的25mm气排钉的价格为6~8元/盒。也有一些厂家的包装盒大小统一，但内部包装的气排钉规格不一，每盒价格相差不大，即较长的气排钉包装数量少，较短的气排钉包装数量多。另外，还有高档不锈钢产品，其价格仍要贵1倍以上。

施工时，气排钉的使用效率高，威力大，操作要谨慎，施工员应该佩戴护目镜，以免发生意外情况误伤人体。钉接木质板材时，每枚气排钉的间距应该保持50~60mm的间距，当钉入木质构造后，要对钉头进行严格的防锈、填色处理。

6. 铆钉

铆钉是一种金属辅材，杆状的一端有帽，当穿入被连接构件后，在钉杆的外端打、压出另一头，将构件压紧、固定。在铆接工艺中，铆钉利用自身形变的特性来连接各种构件，一般采用不锈钢、铜、铝等各种合金金属制作（图2-14）。

铆钉种类很多，而且不拘形式，常用的铆钉有半圆头、平头、沉头、抽芯、空心等形式。平头、沉头铆钉用于一般载荷的铆接构造。抽芯铆钉是专门用于单面铆接用的铆钉，但须使用拉铆枪进行铆接。空心铆钉重量轻，一般连接厚度≤8mm的构件可以用冷铆，厚度>8mm的构件可以用热铆，铆接时使用铆钉器将细杆打入粗杆即可（图2-15）。

在家居装修中，铆钉主要用于金属构件安装，钢结构楼板、楼梯固定，虽然应用不多，但是铆钉的连接力度特别大，且铆钉的成本低，施工效率高，非一般钉子、螺丝可比。

图2-14 铆钉

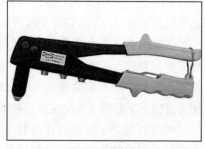

图2-15 铆钉器

铷钉的长度规格主要为10~100mm，$\phi3 \sim \phi10$mm，其中长度每5~10mm为一个单位型号。价格根据材质而不同，常用的铝质铆钉$\phi4$mm，长12mm，价格为5~6元/盒，每盒50枚。

施工时，应该根据板材的厚度与强度选用相应规格的铆钉，同时控制好铆钉的间距。每枚铆钉的间距应该保持100~200mm，当钉入木质构造一次锚固成形后，就不能随意变更了。

7. 泡钉

泡钉又被称为扣板图钉、底钉，质地与圆钉相同，但是形态与普通图钉相似，只是钉身比普通图钉长，钉头比图钉凸出，表面通过镀锌或铜来改变色彩（图2-16、图2-17）。部分泡钉采用仿古设计，钉头上有压花造型，具有怀旧风格（图2-18）。泡钉的钉帽根据材质可以分为铁泡钉、铜泡钉、不锈钢泡钉等，但是钉身一般为铁质，很少采用铜质钉身，因为铜的硬度不如铁，可以根据应用部位选择不同的材质。泡钉既可以用于加固，也可以起到装饰作用，现在随着需求的发展，颜色也变得丰富而多样化，主要靠电镀得到不同的色彩效果，但电镀更重要的作用是防锈。

在家居装修中，泡钉的应用部位有很多，可以安装在落地家具、构造的底部，使家具底部免受

图2-16 普通泡钉

图2-17 装饰泡钉（一）

图2-18 装饰泡钉（二）

磨损。泡钉还用于塑料扣板、防裂网等轻质材料的固定安装，固定媒介一般为木质、塑料等软质材料，施工方便，用手指按压即可。在装修后期，具有压花纹理的泡钉还可以用于墙面软包、高档壁纸、沙发的边角加固或装饰。

泡钉的规格很多，钉帽 $\phi3 \sim \phi50mm$，特殊规格的泡钉可以定制加工。以固定塑料扣板的泡钉为例，钉身长度为14mm，钉帽 $\phi6mm$ 或 $\phi8mm$，价格为3～5元/盒，每盒约300枚。

选购泡钉时要关注质量，主要观察泡钉表面的电镀效果，可以采用 $360^{\#}$ 砂纸打磨，如果轻易就露出底色，容易褪色或生锈，则说明质量不高。此外，钉帽厚度与钉身的偏差也很关键，可以随意选几枚泡钉仔细比较，优质产品的钉身应该正好焊接在钉帽中央，不存在任何细微偏差。

施工时，不能选用已经生锈的产品，用手按压时应稍许旋转，能有效提高钉入的效率，否则钉帽容易歪斜，甚至断裂，给手指造成伤害。但是不宜采用铁锤钉入，铁锤力度较大，会破坏被钉入构造。泡钉只适用于木材与塑料界面，不能用于过软的橡胶或过硬的水泥界面。

★装修顾问★

选择钉子的方法

钉子的种类很多，应该根据固定媒介的材质进行选择，常见的媒介材质有以下几种。

（1）原木材料。原木材料质地粗糙，适合身杆细长的圆钉，尤其是轻型圆钉，钉入后质地会变得非常紧密，如果钉入的密度较高，钉子的间距若≤50mm，应该进一步选择更细的圆钉，或采用气排钉。

（2）纤维板材料。纤维板材料看似密度较高，但因其含有大量胶水，直接选用圆钉会击穿材质，故而多采用纤细的螺钉或螺丝，采用螺丝时应该预先用电钻钻孔，螺丝固定还需采用螺帽或其他配件，会增加安装空间。

（3）塑料与金属。预先钻孔或铸造成孔，采用铆钉或螺丝固定，应配置专用垫圈，防止固定材质受到磨损。

（4）水泥或混凝土。只能采用重型钢钉，较钝的钉头更能耐磨损，配合射钉枪施工效率会更高。

二、螺丝

螺丝主要包括螺钉与膨胀螺栓，是现代装修必备的基础辅材，主要依靠自身螺纹逐渐加固构造，具有连接力度大、构造稳定等优势。

1. 螺钉

螺钉是头部具有各种结构形状的螺纹紧固件，是在传统圆钉的基础上经过改进得来的新型固定、连接辅助材料。将圆钢钉的身杆加工成螺纹状，钉头开十字凹槽、一字槽、内三角槽、内角四方等槽型，施工时需要配合使用各种形状的螺丝刀（起子），能够应用到各个行业。螺钉的形式主要有平头螺钉（图2-19）、盘头螺钉（图2-20）、沉头螺钉、焊接螺钉等。

在家居装修中，螺钉可以使木质构造之间衔接更为紧密，不易松动脱落，也可以用于金属与木材、塑料与木材、金属与塑料等不同材料之间的连接。螺钉主要用于拼板、家具零部件装配及铰链、插销、拉手、锁的安装，应该根据使用要求选用适合的样式与规格。在家居装修中以十字形沉头螺钉的应用最为广泛，主要用于木质板材、构件之间的强化加固，或五金配件与木质材料之间的连接。其次就是自攻螺钉，外围具有防锈涂层，专用于石膏板吊顶、隔墙安装，将石膏板固定到木龙骨或轻钢龙骨上，多采用电钻施工（图2-21）。

螺钉的常用长度规格为10～120mm等，其中每增加5～10mm为一个单位型号。此外，还有末端为平整状态的平头螺钉，或称为螺丝，主要

图2-19　平头镀铜螺钉

图2-20　盘头镀锌螺钉

用于连接五金件、塑料件之间，如开关、插座、面板等的安装，这种螺丝需要有成形的孔洞，或预先采用电钻钻孔，螺丝过长或过短都会影响正常的安装和使用（图2-22）。

螺钉的种类十分丰富，具体到规格与形式上，不计其数，销售仍以盒为单位，具体价格根据规格而不同，一般多为5～10元／盒，根据不同规格每盒10～100枚不等，如果条件允许，可以选用不锈钢螺钉，强度与防锈性能都要高很多，价格比传统螺钉贵1.5～2倍。

螺钉的选购方法与普通圆钉类似，但是螺钉的形态应该更加精致。在施工过程中，螺钉要根据连接对象进行选取，对于连接力度大的物件，应该选用粗槽纹螺丝，轻巧的物件可以选用细槽纹螺丝，固定时不能用力过大，否则会造成槽纹磨损，影响使用效果。还有一些螺钉，施工时在外围增加1个塑料套杆，称为膨胀螺钉（图2-23）。它是在膨胀螺栓的基础上简化而来的，可以在砌筑墙面或混凝土界面上采用电锤钻孔，再将塑料套杆插入其中，接着将螺钉塞入塑料套杆中，最后用螺丝刀或电钻将螺钉紧固，这样可以将装修构件固定到墙、顶、地等建筑构造上。但是固定强度仍然比不上金属的膨胀螺栓，多适用于单件重量≤20kg的装修构件，如厨房吊柜、壁柜、隔板等。

图2-21 自攻螺钉

图2-22 平头螺丝

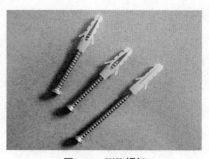

图2-23 膨胀螺钉

★装修顾问★

膨胀螺钉承载力度有限

由于膨胀螺钉外部有塑料套管，比普通螺钉的紧固性能更强，因此主要用于固定室内墙面、顶面的重型构件。但是，膨胀螺钉上的塑料套管会受到环境的影响而逐渐腐蚀，使螺钉的固定基础变得松散，容易造成固定构造脱落，因此不建议使用膨胀螺栓固定重型构件，尤其是电视、音箱、空调、微波炉、吊扇等电器设备，因为这些设备自重较大，在使用中会产生一定的震动，容易导致膨胀螺钉松散脱落。

图2-24 膨胀螺栓

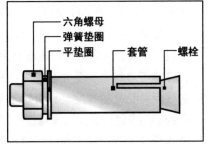

图2-25 膨胀螺栓构造

2. 膨胀螺栓

膨胀螺栓又被称为膨胀螺丝，是将重型家具、构造、设备、器械等物件安装或固定在墙面、楼板、梁柱上所用的一种特殊螺丝连接件（图2-24）。膨胀螺栓主要由螺栓、套管、平垫圈、弹簧垫圈、六角螺母等5大构件组成，一般采用铜、铁、铝合金金属制造，体量较大（图2-25）。膨胀螺栓主要采用优质钢材制作，对于重要的或特殊用途的螺纹连接件，也有选用机械性能较高的合金产品。

膨胀螺丝的固定原理是利用套管向外挤压促使产生摩擦握力，达到固定效果。螺栓首端是螺纹，螺栓末端头有椎度。外面包套管，套管的末端预留长约50%的开叉切口，将它们一同塞进界面上钻好的孔洞里，然后采用扳手锁上六角螺母，逐渐加紧的六角螺母将螺栓往外拉，同时将螺栓拉入套管中，使套管被涨开，最终紧紧地固定在洞内壁上。六角螺母的外部还可以挂接各种金属挂件，如角钢、成品连接件、钢丝等，或直接焊接金属构件，如钢筋等。

在家居装修中，膨胀螺栓用于重型构造的关键固定部位，如石膏板隔墙龙骨的边框固定，成品楼梯或钢结构楼梯的边界固定（图2-26、图2-27），户外庭院的防护栏、雨篷、空调等构造设备的固定，固定界面多为水泥、砖、混凝土等材料。多适用于单件重量≥20kg的装修构件，但是如果载荷有较大震动，仍有可能发生松脱，尤其是在安装吊扇时，膨胀螺栓不能垂直安装在楼板的顶平面上。

膨胀螺栓的常用长度规格主要为30~180mm，每增加5~10mm为1个单位型号，价格根据不同规格差距很大，如常用的长80mm，ϕ8mm的膨胀螺栓，价格为1元／枚左右，不锈钢产品价格则要贵2倍。

膨胀螺栓的选购方法与普通圆钉类似，但是膨胀螺栓的形态应该更加精致，尤其是六角螺母与螺栓之间的关系应该轻松自如但不松散。

在施工过程中，要注意预先钻孔的深度与直径，在各种界面上钻孔时应该保持钻孔的深度≤界面整厚度的60%，更不能将界面钻穿，电锤所用的钻头直径应当比膨胀螺栓的套管小1~2mm，保证胀管与螺栓插入后能够迅速紧固。钻孔前应当测量螺栓的长度，在施工中若发现深度不够，这是因为孔内有杂物残留，因此，钻孔的深度要比膨胀螺栓多5mm左右。安装在混凝土（C15~C20混凝土）中的受力强度是在砖墙中的6倍，正确安装在混凝土中的1颗长80mm，ϕ8mm的膨胀螺栓，它的最大静止受力为180kg。

图2-26 电锤钻孔

图2-27 膨胀螺栓安装

三、其他

家居装修的其他配件辅材种类很多，在一般情况下，家居装修都会用到以下材料。

1. 网格布

网格布的全称是内墙保温玻璃纤维网格布，它是采用中碱或无碱玻璃纤维网格布为基材，在表面涂覆改性丙烯酸酯共聚胶液制成，具有质轻、高强、耐温、耐碱、防水、耐腐蚀、抗龟裂、尺寸稳定等特点（图2-28、图2-29）。能有效避免抹灰层表面整体张力收缩以及受外力引起的开裂，轻薄的网格布经常用于墙面翻新或内墙保温。

在家居装修中，网格布主要用于防止墙面产生裂缝。在基础改造工程中，经常会使用砖材砌筑隔墙，受气候与施工条件影响，新筑墙面的表层水泥砂浆找平层容易发生开裂。此外，部分原有墙体受环境中的酸、碱等化学物质腐蚀，也会产生裂缝，严重影响墙体表面后期装修。网格布的特有性能是经纬向抗拉强度高，能使墙面表层的水泥砂浆或混凝土找平层所受应力均匀分散，还能避免由于外界力量的碰撞、挤压所造成的墙体变形，同时也能保护墙体内侧的保温层承受很高的缩胀力，易于后期的施工与质量控制，在墙面装修中起到"软钢筋"的作用。

网格布中的网眼规格有2.5mm×2.5mm、3mm×3mm、4mm×4mm、5mm×5mm等多种，重量为80~165g/m^2，宽度为0.6~2m，每卷长度30~200m，具体的规格或硬度可以根据需求定制。外观颜色有

图2-28 白色网格布

图2-29 彩色网格布

白色（标准）、蓝色、绿色等，价格低廉。其中3mm×3mm，宽度1m，长50m的网格布，价格为50~60元/卷。

此外，用于墙体边角铺贴的网格布还被加工成玻璃纤维自粘带，简称自粘带，适用于修补木质隔墙、石膏板隔墙等各种墙体的接缝、裂缝和破损部位（图2-30）。网格形态与网格布相当，只是被加工成卷条状，宽度为50~300mm，每卷长10~50m，由于本身自带粘胶，价格较高。其中3mm×3mm，宽度200mm，长10m的玻璃纤维自粘带，价格为20元/卷。

选购网格布与自粘带产品时，要注意识别材质，目前市场上还有类似的塑料网格布，防火性能很差，一般不宜选购，识别正宗玻璃纤维产品，可以用打火机点燃网格布，不会自燃的即为玻璃纤维产品。

在施工中，应该待墙面水泥砂浆完全干燥后再铺贴网格布，一定要保持墙面清洁。新砌筑的墙体与新浇筑的混凝土应当在其构造表面完全覆盖网格布，原有墙体与新筑墙体之间应覆盖自粘带。网格布采用塑料卡垫固定即可，使固定力量均衡（图2-31）。确认墙面或缝隙已被网格布盖住后，用美工刀将多余材料切断，再满刮石膏粉或其他腻子，最后令其自然风干，再进行其后的施工。

2. 砂纸

砂纸又被称为砂皮，是一种专门用于研磨的损耗辅助材料，主要用来研磨装修中的各种金属、木材、涂料、油漆等材料的表面，以使其光洁平滑（图2-32）。砂纸的基层原纸一般采用未漂硫酸盐木浆制成，纸质强韧，耐磨耐折，并有良好的耐水性，将玻璃砂等研磨物质用树胶等胶

图2-30　玻璃纤维自粘带

图2-31　塑料卡垫

粘剂粘贴在基层原纸上，经干燥而成。砂纸的型号很多，以号（#）或目来区分，它是指磨料的粗细及每平方英寸的磨料数量或筛网的孔数，号（#）越高，磨料就越细，磨料的数量就越多，如360#砂纸是指每平方英寸的砂纸上有约360个磨料或筛网孔。

根据不同研磨物质，砂纸主要有金刚砂纸、玻璃砂纸、干磨砂纸、耐水砂纸等多种。在家居装修中，应用最多是干磨砂纸与耐水砂纸，其中干磨砂纸又被称为木砂纸或粗砂纸，主要用于磨光木、竹材表面。耐水砂纸又称为水砂纸，质地细腻，可以用在水中或油中磨光金属或非金属构造表面，适用于干燥后的油漆、涂料表面。耐水砂纸的砂粒间隙较小，磨出的碎末也较小，和水一起使用时，碎末就会随水流出，如果用耐水砂纸干磨，碎末就会留在砂粒的间隙中，使砂纸表面变光从而达不到应有的效果，而干磨砂纸上的砂粒间隙较大，磨出来的碎末也较大，在研磨过程中碎末会掉下来，无须与水一起使用。

砂纸的型号很多，用于木质材料表面初步打磨的砂纸为0#，用于精细塑料构造打磨的为180#，用于墙面涂料打磨的为360#，用于普通油漆表面打磨的为600#，用于硝基漆表面打磨为1000#，用于五金件表面抛光打磨的为2000#等。砂纸的规格为230mm×280mm，价格根据型号而不同，但是差异不大，一般为0.5～2元/张。

砂纸的品牌不多，各地的生产工艺相差不大，但在选购时仍然需要注意鉴别质量。优质产品的纸张基层较厚，不容易弯曲或折断，用手指或手掌触摸砂纸，会有明显但很轻微的刺痛感。此外，优质砂纸带有一定的静电，崭新的砂纸彼此会相互吸附。

图2-32 砂纸

砂纸板夹　　打磨机

图2-33 砂纸板夹与打磨机

在装修施工时，使用砂纸应该采用砂纸板夹或打磨机（图2-33），将砂纸安装在这些器械上使用，单纯手工操作力度不均匀，会影响打磨质量。砂纸打磨会产生大量粉尘，施工员应该佩戴防尘口罩。

3. 切割片

切割片又被称为切割机刀片，是采用磨料与结合剂、树脂等材料制成的普通钢材、不锈钢金属与非金属材质的薄片。切割片安装在切割机上，用于切割各种装修材料。切割片根据材质主要分为纤维树脂切割片与金刚石切割片。纤维树脂切割片是以树脂为结合剂，结合多种材质，对合金钢或不锈钢等难切割材料，切割性能尤为显著。金刚石切割片广泛应用于石材、混凝土、陶瓷等硬脆材料的加工（图2-34、图2-35），金刚石切割片作为目前最硬的物质，在刀头中摩擦切割被加工对象，而金刚石颗粒则由金属包裹在刀头内部。

切割片的规格为$\phi50 \sim \phi300mm$，厚度$1 \sim 3mm$，其中$\phi100mm$（4寸）的普通切割片价格为$10 \sim 20$元/片。用于切割木材的切割片一般为较深的锯齿形，用于切割金属的锯齿很浅，而切割瓷砖或石材的更浅或呈光滑状。

选购切割片最重要的是选择品牌，优质产品几乎被大厂垄断，质量过硬，价格也不菲，如果只是临时替换使用，可以选择一般品牌。优质产品产品质地更厚重，多为全封闭包装，具有较强的防锈能力。用手触摸质地浑厚且精致，用铁锤敲击边缘不会有任何变形、断裂或残缺。

施工时应在切割部位浇水，防止产生火花，造成切割片灼热快速损坏，过热的切割片会造成变形开裂，高速脱落后弹出会对施工员造成伤

图2-34 瓷砖切割片

图2-35 切割机

害，因此要注意降温处理。

4. 钻头

钻头是电钻、电锤等电动工具的配套耗材，用以在实体材料上钻削出通孔或盲孔，并能对现有孔洞进行扩张的器具，钻头采用优质钢材制作，质地坚硬，具有很强的耐磨性。常用的钻头主要有麻花钻、扁钻、中心钻、深孔钻与套料钻等（图2-36、图2-37）。

在装修中用得最多的钻头为麻花钻，它也是应用最广的孔加工钻头。它主要由工作部分与柄杆部分构成，其中工作部分有两条螺旋形沟槽，形似麻花，因而得名。为了减小钻孔时导向部分与孔壁间的摩擦，麻花钻自钻尖向柄部方向逐渐减小直径呈倒锥状。此外，扁钻的应用也较多，其切削部分为铲形，结构简单，制造成本低，切削残渣轻易导入孔中，切削与排渣性能较差。扁钻的结构有整体式与装配式两种，整体式主要用于钻削$\phi 0.03 \sim \phi 0.5mm$的微孔，装配式扁钻刀片可换，主要用于钻削$\phi 25 \sim \phi 500mm$的大孔。

在家居装修中，普通手电钻使用频率较高，钻头的磨损率也高，需要经常更换，通常手电钻使用的钻头规格为$\phi 2 \sim \phi 10mm$，电锤使用的钻头规格为$\phi 6 \sim \phi 20mm$，长度随直径增加而增长。普通钢质钻头价格低廉，$\phi 5mm$的产品价格为1元/支，同规格高速钢质钻头价格为$3 \sim 5$元/支。

选购钻头时要注意包装质量，优质产品的包装严密，内外一般有3层包装，钻头上涂有油脂防锈，套装产品的包装盒为塑料或金属质地，坚固耐用，可长期存放钻头。使用电钻或电锤时，应该戴上安全眼镜，使用前须检查钻头是否有伤痕，如有伤痕则须更换而不能继续使用，更换、

图2-36　电钻钻头

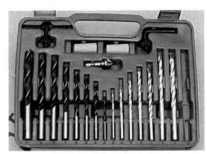

图2-37　电锤钻头

拆卸钻头时，应确保设备电源处于断开状态。当钻头旋转时，不能用手触摸，以免发生危险。

由于钻头刃部非常坚硬且很脆，在施工时，如果钻头崩刃会影响钻孔效果，也会引起钻头断裂。使用质地较好的电锤钻头要注意保养，使用完毕后应该擦净钻头表面的残渣，用浸油的软布包裹存放，并定期使用砂轮对钻头作打磨维护，能够有效提高工作效率。

5. 脚手架

脚手架是在装修施工现场为方便施工员操作，并解决垂直与水平运输而搭设的各种支架，施工员站在脚手架上能够从事高空作业。传统脚手架用于建筑行业，尤其是建筑外墙搭建的脚手架，现在用于室内家居装修的脚手架规模要小很多，常用木龙骨、镀锌钢管制作。其中木龙骨脚手架采用规格不一的木龙骨钉接制作，它是在传统木质操作台、木质架梯的基础上扩展的脚手架，牢固度不高，多为一次性使用，而镀锌钢管脚手架坚固耐用，可多次拆装、运输，镀锌钢管脚手架又称为门式钢管脚手架（图2-38、图2-39）。

门式钢管脚手架的几何尺寸标准，便于统一设计、安装。它的结构合理，受力性能好，充分利用了钢材的强度，承载能力高。施工中装拆容易、架设效率高，省工省时、安全可靠、经济适用。但是构架尺寸不太灵活，用于支撑施工员的定型脚手板较重，且价格较贵。门式钢管脚手架的占地面积约为$3m^2$，高2m的门式钢管脚手架价格为500元左右，多采用$\phi30mm$的镀锌钢管组装。

搭设门式钢管脚手架时，安装基础必须夯实，最好在铺装地面或混

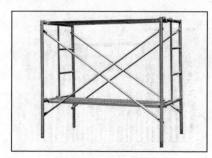

图2-38　门式脚手架

图2-39　门式脚手架装配件

凝土地面上安装，底部带有滚轮的脚手架必须有固定装置。搭设时应该从一端向另一端搭设固定，上步脚手架应在下步脚手架搭设完毕后进行。框架组装完毕后再安装踏板。长期且固定的施工作业，应当将脚手架与住宅墙体、立柱等构造作可靠连接。

6. 装修工具

装修工具是指在装修施工过程中使用的器械、设备，一般都会认为装修工具均由施工员随身携带，装修业主不必为此操心，其实则不然，很多清包工的装修业务，部分工具也是由装修业主购买的。此外，在日后的生活中，也需要相关的工具进行维修、保养。

目前，电动化的施工工具逐渐增多，水、电、泥、木、油几个工种的工具都应该配置齐全，这也是高效施工队所必备的基础。

1）水路工具

水路工具主要包括熔管器（图2-40）、打压器（图2-41）、管钳、涨口器、扳手、切管器、混凝土切割机等。其中熔管器能够快速结合PPR管，提高施工效率，是水工的必备工具。

2）电路工具

电路工具主要包括万用表（图2-42）、摇表、混凝土切割机、钳子、螺丝刀、改锥、电笔、三相测电仪、围管器、锡焊器与电工包（图2-43）等。其中切割机能够更换刀片，切割各种瓷砖、木材、金属、塑料型材，围管器能够将各种线管快速弯曲成设定的角度。

3）泥工工具

泥工工具主要包括电锤、测平仪（图2-44）、大铲、橡胶锤、水平

图2-40 熔管器

图2-41 打压器

图2-42　万用表

图2-43　电工包

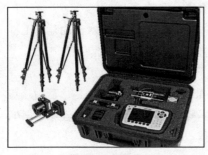

图2-44　测平仪

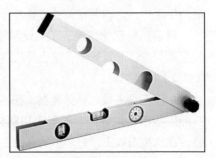

图2-45　水平尺

尺（图2-45）、杠尺、方尺、线缀、抹子、瓦刀等。其中电锤力量很大，主要用于墙顶面钻孔、开槽，是各工种必备的工具。

4）木工工具

木工工具主要包括电锯、电刨子、电钻（图2-46）、空气压缩机（图2-47）、气钉枪、角尺、墨盒、测湿仪、水平尺、线缀、手锯、手刨、扁铲、斧头、凿子、弓子锯、修边机、螺丝刀、直尺、盒尺等。其中，电钻用于木质构造、板材加工，配合不同规格的钻头使用，还能当搅拌机用。空气压缩机能够提供加压空气，以供木工气钉枪与油饰工喷枪的使用。气钉枪能够将各类气排钉快速地钉入材料、构造内，是木工、安装工的必备工具。

5）油饰工具

油饰工具主要包括空气压缩机、喷枪（图2-48）、板刷、滚筒（图2-49）、搅拌机、打磨机等。其中喷枪用于喷涂各种油漆、涂料，可以更

图2-46　电钻

图2-47　空气压缩机

图2-48　喷枪

图2-49　板刷与滚筒

换不同型号的喷头并加装储料罐。打磨机用于打磨、抛光等各种油漆涂料的表面，可以更换不同型号的砂轮。

　　这些工具都具备了，施工队才算是非常专业的，至少要有5年以上施工经验的专业班组才会具备这种实力。此外，在日常维修、保养时，装修业主可以自备一些常规工具，如小型手电钻、螺丝刀、钳子、锤子、扳手、钢锯、美工刀、卷尺与各种螺钉等，这些工具可以购买套装产品，如整体工具箱，配置较齐全的工具箱价格为200～500元／套。由于这类工具可以长期存放使用，故而建议选购质地较好的知名品牌（图2-50、图2-51）。

　　选购套装工具箱时，须鉴别工具箱的质量。首先，观察工具箱与各种工具上的塑料件，优质的产品应该是工程塑料，边角处没有任何毛刺，触摸塑料的手感应当平滑且敦厚，与皮肤的结合度较好。然后，观察工具上的金属件，优质的产品会呈现细腻的哑光质感，皮肤接触后有冰凉

图2-50　成品工具箱

图2-51　套装工具

感，且金属件上应该带有少许的油脂用于防锈。最后，将工具箱收拾完整关闭，提在手中用力晃动，内部工具不应该有明显的撞击、摩擦声，再次打开工具箱，各种工具的位置应该固定完好，不应该脱落或错位。

　　施工时，使用任何工具都不宜使用过大的力量，否则容易破坏工具与材料的接触面，造成超负荷磨损。任何工具都要注意保养，时常保持活动构造润滑，保持表面干净。

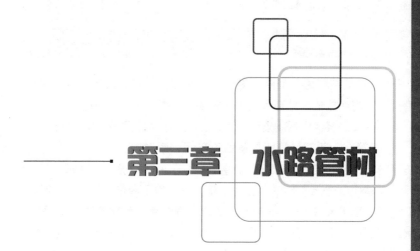

第三章　水路管材

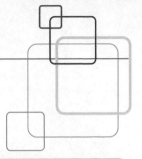

第三章 水路管材

在家居装修基础工程中，水路管材的质量非常关键，水路施工完毕后还需要经过严格的检测，一旦填埋到墙、地面中去，维修起来非常麻烦，因此一般多会选用知名品牌。管材的价格较高，尤其是各种型号、规格的转角、接头，价格较高，应该根据图纸与空间精确计算，按需选购，避免造成浪费。

一、PP-R管

PP-R管又被称为三型聚丙烯管，是采用无规共聚聚丙烯经挤出成为管材，注塑而成的绿色环保管材（图3-1、图3-2），专用于自来水供给管道，在家居装修中用于连通厨房、卫生间、阳台等各种用水空间。

PP-R管有一般塑料管所具备的重量轻、耐腐蚀、不结垢、使用寿命长等特点，最主要的是无毒、卫生，PP-R的原料分子只有碳、氢元素，没有其他毒害元素存在，卫生可靠，不仅用于冷热水管道，还可以用于纯净饮用水系统。PP-R管保温节能，导热率仅为钢管的5%，同时具有较好的耐热性，PP-R管的软化点为130℃，可以满足家居生活的各种给水使用要求。PP-R管使用寿命长，在70℃工作环境下，水压为1MPa时，使用寿命可以达到50年以上，在常温20℃的工作环境下，使用寿命可以达到100年以上。PP-R管在施工中安装方便，连接可靠，具有良好的热熔焊接性能，各种管件与管材之间可以采用热熔连接，其

图3-1 PP-R管

图3-2 PP-R管与配套管件

连接部位的强度大于管材本身的强度。PP-R管还可以回收利用，其废料经清洁、破碎后能够回收再利用于管材、管件的生产，且不影响产品质量。

在家居装修中，PP-R管不仅是厨房、卫生间冷、热水给水管的首选，还能够用于全套住宅的中央空调、小型锅炉地暖的给水管，以及直接饮用的纯净水的供水管。在前几年的家居装修中，PP-R供水管还分为冷水管与热水管，冷水管的工作温度只能达到70℃，热水管可以达到130℃，但是冷水管价格低廉，在装修中用量较大，而热水管主要用于连通热水器。现代生活条件提高了，热水设备无处不在，为了防止热水器中的热水回流，装修中一般全部采用热水管，使用起来更加安全。而冷水管一般只用于阳台、庭院的洗涤、灌溉给水管。

PP-R管的规格表示分为外径（DN）与壁厚（EN），单位均为mm。PP-R管的外径一般为φ20mm（4分管）、φ25mm（6分管）、φ32mm（1寸管）、φ40mm（1.2寸管）、φ50mm（1.5寸管）、φ65mm（2寸管）、φ75mm（2.5寸管）等。此外，还有管材系列S级，用来表示管材抗压级别，单位为Mpa。大部分企业生产的PP-R管材有S5、S4、S3.2、S2.5、S2等级别，其中S5级管材能承载1.25Mpa（12.5kg）水压，适用于家居装修，因为住宅室内的常规水压一般为0.3～0.5Mpa。以φ25mm的S5型PP-R管为例，外部φ25mm，管壁厚2.5mm，长度一般为3m或4m，也可以根据需要定制，价格为6～8元／m。此外，PP-R管还有各种规格、样式的接头配件，价格相对较高，是一套复杂的产品体系（图3-3）。

图3-3　PP-R管管件

目前，我国各地都有生产PP-R管的厂家，产品系列特别复杂，业主在选购时稍不留神就会上当受骗，造成各种损失，因此在选购时需要注意识别管材的质量。首先，观察管材、管件的外观，管材与配件的颜色应该基本一致，内外表面应该光滑、平整、无凹凸、无气泡，不应该含有可见的杂质。管材与各种配件应该不透光，多为苯白、瓷白、灰、绿、黄、蓝等颜色。然后，测量管材、管件的外径与壁厚（图3-4、图3-5），对照管材表面印刷的参数，看看是否一致，观察管材的壁厚是否均匀，这会影响管材的抗压性能。如果经济条件允许，可以选用S3.2级与S2.5级的产品。接着，观察PP-R管的外部包装，优质品牌产品的管材两端应该有塑料盖封闭，防止灰尘、污垢污染管壁内侧，且每根管材的外部均具有塑料膜包装。可以用鼻子对着管口闻一下，优质产品不应该有任何气味。最后，观察配套接头配件，尤其是带有金属内螺的接头，其优质产品的内螺应该是不锈钢或铜材，金属与外围管壁的接触应当紧密、均匀，而不应该存在任何细微的裂缝或歪斜（图3-6），且每

图3-4 测量管径

图3-5 测量管壁

图3-6 触摸接缝

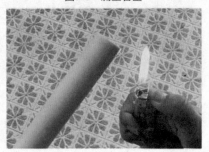

图3-7 火烧

★装修顾问★

PP-H、PP-B、PP-R管的区别

目前市场上出现了一些PP开头的管材、管件，给装修业主选购造成困惑。其实在国际标准中，聚丙烯冷热水管分为PP-H、PP-B、PP-R等3种。PP-H管又被称为均聚聚丙烯管，具有均匀、细腻的晶型结构，还具有极高的化学稳定性与耐高温性，广泛应用于冶金加工与化工行业的耐腐蚀性介质输送，它比PP-R管的耐高温、抗腐蚀、抗老化质量更优异，且产品价格也更高，一般不用于住宅装修。PP-B管又被称为嵌段共聚聚丙烯类管，价格比较便宜，其耐热、耐压性能与PP-R管的差距很大。如设计压力为0.6Mpa，ϕ25mm的管材，PP-R管壁厚3.5mm，PP-B管壁厚度达到5.1mm。由于壁厚太厚，在实际施工中的安装条件也要高很多，造成施工成本高，且不能与PP-R管混合使用。

个配件均有塑料袋密封包装。如果对管材的质量有所怀疑，可以先购买1根让施工员安装，或用打火机燃烧管壁，管材加热时观察是否出现掉渣现象或产生刺激性的气味，如果没有则说明质量不错（图3-7）。

PP-R管的应用质量还在于安装施工。布设后要标出管道位置，以免二次装修破坏管道。PP-R管在5℃以下存在一定的低温脆性，冬季施工切管时要用锋利的刀具缓慢切割。对于已经安装的管道不能重压、敲击，对于易受外力破坏的部位覆盖保护物。PP-R管长期受紫外线照射易老化降解，安装在户外或阳光直射处必须包扎深色防护层。管道安装后必须给水试压。冷水管试压压力为常规水压的1.5倍，应≥0.8Mpa，热水管试验压力为常规水压的2倍，应≥1.2Mpa。PP-R管明敷或非直埋敷布管时，必须安装配套支架、吊架、卡口件等配件（图3-8、图3-9）。

图3-8 PP-R管安装（一）

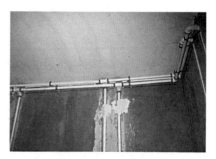

图3-9 PP-R管安装（二）

二、PVC管

PVC管全称为聚氯乙烯管，是由聚氯乙烯树脂与稳定剂、润滑剂等配合后，采用热压法挤压成型的塑料管材。PVC管的抗腐蚀能力强、易于粘接、价格低、质地坚硬，适用于输送温度≤45℃的排水管道，是当今最流行且也被广泛应用的一种合成管道材料。

PVC材料可以分为软PVC与硬PVC，其中硬PVC大约占市场份额的70%，软PVC占30%。软PVC一般用于地板、顶棚以及皮革的表层，或用于制作软PVC管材，或用于局部补充、临时排水管（图3-10），但软PVC中含有增塑剂，这也是软PVC与硬PVC的区别，软PVC的物理性能较差，所以其使用范围受到了局限。硬PVC不含增塑剂，可以制成管材，又被称为UPVC管或PVC-U管，代表大部分PVC管产品，容易成型，物理性能佳，因此具有很大的开发应用价值（图3-11）。PVC管具有良好的水密性，无论采用粘接还是橡胶圈螺旋连接，均具有良好的水密性。此外，PVC管不是营养源，因此不会受到啮齿动物（如老鼠）的侵蚀与破坏。

在家居装修中，PVC管主要用于生活用水的排放管道，安装在厨房、卫生间、阳台、庭院的地面下，由地面向上垂直预留100~300mm，待后期安装洁具完毕再根据需要裁切。PVC管的规格有ϕ40mm、ϕ50mm、ϕ75mm、ϕ90mm、ϕ110mm、ϕ130mm、ϕ160mm、ϕ200mm等多种。管壁厚1.5~5mm，较厚的管壁还被加工成空心状，隔声效果较好。

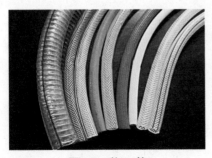

图3-10 软PVC管

图3-11 硬PVC管

$\phi40 \sim \phi90$mm的PVC管主要用于连接洗面台、浴缸、淋浴房、拖布池、洗衣机、厨房水槽等排水设备。$\phi110 \sim \phi130$mm的PVC管主要用于连接坐便器、蹲便器等排水设备。$\phi160$mm以上的PVC管主要用于厨房、卫生间的横、纵向主排水管的连接。以$\phi75$mm的PVC管材为例，外部$\phi75$mm，管壁厚2.3mm，长度一般为4m，价格为8～10元／m。此外，PVC管还有各种规格、样式的接头配件，价格相对较高，是一套复杂的产品体系（图3-12）。

　　目前，我国各地都有生产PVC管的厂家，产品特别复杂，虽然PVC管在家居装修中用量不大，但是装修业主在选购时稍不留神就会上当受骗，因此在选购时要注意识别管材的质量。首先，要注意观察PVC管管材表面的颜色，优质的产品一般为白色，管材的白度应该高但并不刺眼。至于市场上出现的浅绿色、浅蓝色等有色产品多为回收材料制作，强度与韧性均不如白色产品的好，仔细测量管径与管壁尺寸，看看是否与标称数据一致（图3-13、图3-14）。然后，用手挤压管材，优质的产

图3-12　PVC管管件

图3-13　测量管径

图3-14　测量管壁

品不会发生变形。如果条件允许，还可以用脚踩压（图3-15），以不开裂、破碎为优质产品。还可以用美工刀削切管壁，优质产品的截面质地很均匀，削切过程中不会产生任何不均匀的阻力（图3-16）。接着，可以先根据需要购买一段管材，放在高温日光下暴晒3~5d，如果表面没有出现任何变形、变色，则说明质量较好。最后，观察配套接头配件，相同规格接头与管壁的接触应当紧密、均匀，不能有任何细微的裂缝、歪斜等不良现象，管材与接头配件均应该用塑料袋密封包装。

　　PVC管的应用质量还在于安装施工，一般采用粘接的方式施工，粘接PVC管时，须将插口处倒小圆角，以形成坡度，并保证断口平整且轴线垂直一致，这样才能粘接牢固，避免漏水。在墙体、地面安装PVC管时，管槽的开挖宽度与深度只要求能将管材放入管槽内，并能够进行封口即可（图3-17）。在下沉式卫生间或户外庭院的安装中，不能将表面覆盖介质压夯。PVC管穿越墙体时要在外围套上金属管，穿越混凝土楼板时要增加防火圈（图3-18）。

图3-15　脚踩

图3-16　美工刀削切

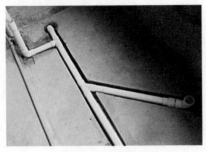

图3-17　PVC管安装

图3-18　PVC管防火圈

三、铝塑复合管

铝塑复合管又被称为铝塑管，是一种中间层为铝管，内外层为聚乙烯或交联聚乙烯，层间采用热熔胶黏合而成的多层管，具有聚乙烯塑料管耐腐蚀与金属管耐高压的双重优点（图3-19、图3-20）。

铝塑复合管是市面上较为流行的家居装修管材，按用途可以分为普通饮用水管、耐高温管、燃气管等多种。用于普通饮用水的铝塑复合管有白色L标识，适用于生活用水、冷凝水、氧气、压缩空气等（图3-21）。用于耐高温的铝塑复合管有红色R的标识，主要用于长期工作水温95℃的热水及采暖管道系统。用于燃气的铝塑复合管有黄色Q的标识，主要用于输送天然气、液化气、煤气管道系统，能经受住较高工作压力，使气体（氧气）的渗透率为零，且管材较长，可以减少接头，避免渗漏，安全可靠（图3-22）。

铝塑复合管的常用规格有1216型与1418型两种，其中1216型管材

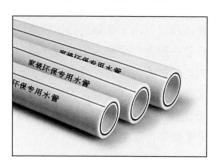

图3-19 铝塑复合给水管

图3-20 铝塑复合燃气管

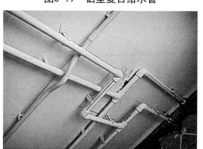

图3-21 铝塑复合给水管安装

图3-22 铝塑复合地暖管安装

的内径为12mm，外径为16mm，1418型管材的内径为14mm，外径为18mm。长度为50m、100m、200m。价格为1216型铝塑复合管3元/m，1418型铝塑复合管4元/m。

在选购时，要注意识别管材的质量，首先，观察外观，优质的产品表面色泽与喷码均匀，无色差，中间铝层接口严密，没有粗糙的痕迹，内外表面光洁平滑，无明显划痕、凹陷、气泡、汇流线等痕迹。然后，根据实际条件，垂直裁切一段铝塑复合管，用手指伸进管内，优质管材的管口应当光滑，没有任何纹理或凸凹，裁切管口没有毛边。接着，可以用铁锤等较为坚硬的器物敲击管材。如果管材表面出现弯曲甚至破裂，则为劣质产品，如果撞击面变形后不能恢复，则为一般质地，变形之后可以马上恢复至原形，则为优质产品。最后，观察配套接头配件，各种规格的接头与管壁的接触应当紧密、均匀，不能有任何细微的裂缝、歪斜等不良现象，管材与接头配件均有塑料袋密封包装。金属接头应为不锈钢或铜质产品（图3-23）。

作为给水管道，铝塑复合管虽然有足够的强度，但是当横向受力过大时，会影响其强度。尤其是作热水管使用时，由于长期的热胀冷缩会造成管壁错位以致造成渗漏。铝塑复合管一般宜作明管施工或埋于墙体内，甚至可以埋入地下。铝塑复合管的连接形式为卡套式或卡压式，因此在施工中要通过严格试压，检查连接是否牢固，防止经常振动使卡套松脱。安装铝塑复合管应该采用专用剪钳施工（图3-24），不能采用锯切方式加工。安装的长度方向应该留足安装量，以免脱落。

图3-23　铝塑复合管管件

图3-24　铝塑复合管剪钳

四、铜塑复合管

铜塑复合管又被称为铜塑管，是一种将铜水管与PP-R采用热熔挤制、胶合而成的给水管（图3-25、图3-26）。铜塑复合管的内层为无缝纯紫铜管，由于水是完全接触于紫铜管的，性能就等同于铜水管。铜塑复合管的外层为PP-R，保持了PP-R管的优点。铜塑管与PP-R管的安装工艺相同，施工便捷。相比铜水管而言，铜塑复合管具有价格和安装上的优势，相比PP-R管而言，铜塑复合管更加节能、环保、健康。因为在家居生活用水中，水在PP-R管内会长时间滞留，如果使用不合格的PP-R原料甚至采用回收再生材料所生产的管材，会导致有害物质分子溶于水中，其危害甚大。

铜塑复合管的配件是产品使用的重点，与其配套的是铜塑管接头，其铜塑管接头一般采用紫铜或黄铜作为内嵌件，外部加注塑PP-R材料，可以进行简便的热熔连接，做到普遍意义上的全铜过水（图3-27）。有一些装修业主认为，内衬的铜管使用时间长之后会产生铜锈，对身体健康有影响。其实不然，优质铜塑复合管的内衬为纯紫铜管，很少会出现铜锈，时间长了只会在表面形成一层氧化膜，合金铜才会出现铜锈，因此，纯紫铜管材具有很高的

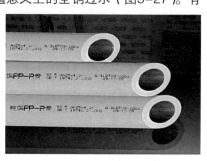

图3-25　铜塑复合管

图3-26　铜塑复合管与配套管件

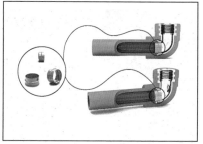

图3-27　铜塑复合管构造

安全性。

在现代家居装修中，铜塑复合管适用于各种冷、热水给水管，由于价格较高，还没有全面取代传统的PP-R管。铜塑复合管的外径一般为ϕ20mm（4分管）、ϕ25mm（6分管）、ϕ32mm（1寸管）等。不同厂家的产品其管壁厚度均不相同，但是管材的抗压性能比PP-R管要高很多。以ϕ25mm的铜塑复合管为例，管壁厚4.2mm，其中铜管内壁厚1.1mm，长度一般为3m，价格为30元／m。

选购铜塑复合管时，要注意识别产品的质量，首先，观察管材、管件的外观，所有管材、配件的颜色应该基本一致，内外表面应该光滑、平整，无凹凸，无气泡与其他影响性能的表面缺陷，不应该含有可见的杂质（图3-28）。然后，测量管材、管件的外径与壁厚，对照管材表面印刷的参数，看是否一致，尤其要注意管材的壁厚是否均匀，这直接影响管材的抗压性能。可以用手指伸进管内，优质管材的管口应当光滑，没有任何纹路，裁切管口无毛边（图3-29）。接着，观察铜塑复合管的外部包装，优质品牌产品的管材两端应该有塑料盖封闭，防止灰尘、污垢污染管壁内侧，且每根管材的外部均配有塑料膜包装。可以用鼻子对着管口闻一下，优质的产品不应该有任何气味（图3-30）。最后，观察配套的接头配件，铜塑复合管的接头配件应当为固定的配套产品，且为优质紫铜，每个接头配件均有塑料袋密封包装。如果对管材的质量标识怀疑，可以先买一根让施工员安装，热熔时观察是否出现掉渣现象或产生刺激性气味，如没有则说明质量不错。如果经济条件允许，建议选用知名品牌产品。

图3-28　铜塑复合管管件

图3-29　触摸内壁

图3-30 闻管口

图3-31 弯管器

目前，在我国生产铜塑复合管的企业不多，大部分厂家只能做到理论上的全铜触水，在管材接头处仍会有少量PP-R管与水发生接触的现象，并不能从根本上解决全铜触水。能够达到全铜触水的产品不仅要求生产工艺领先，对铜塑复合管的安装还有着严格的要求。铜塑复合管施工应采用弯管器（图3-31），安装方式有卡套、焊接、压接3种，卡套跟铝塑管的安装方式一样，长时间存在老化漏水的问题，现在一般采取

★装修顾问★

紫铜管

紫铜管又被称为铜管，是一种压制或拉制而成的无缝、有色金属管，是制作铜塑复合管的核心材料，紫铜管也可以单独使用（图3-32、图3-33）。

紫铜管安装经济，由于铜管容易加工与连接，且紫铜管很轻便，使其在安装时稳定性可靠，可省去维修的烦恼。紫铜管可以在加工时改变形状，进行任意弯曲、变形，能够随意加工成弯头与接头，光滑的表面允许紫铜管以任何角度弯折。连接后安全系数高，不渗漏、不助燃、不产生有毒气体、耐腐蚀。

图3-32 紫铜管

图3-33 紫铜管管件

焊接式，这与PP-R管的焊接方式一样，在接口处通过氧焊将管材与接头连接在一起，不会发生渗漏。压接是一种新的安装技术，施工时需要特殊的工具，安装简单，抗漏水性能与焊接工艺不相上下。

此外，选用铜塑复合管还要注意配套性，由于铜塑复合管的价格比较高，很少有住宅小区的供水系统采用铜管，如果住宅小区的公共给水管仍然是PP-R管，则住宅装修中使用铜塑复合管的意义不大，只是热水的导热性会好一些。如果准备选购铜塑复合管，那么安装施工一般全部交给铜塑复合管的经销商，其属下的施工员会更为熟悉产品的安装工艺。

五、镀锌管

镀锌管是最传统的给水管，在普通钢管的表面镀上锌可以用于防锈（图3-34、图3-35）。在家居装修中，镀锌管多用于煤气、暖气管或户外庭院的给水管。使用镀锌管主要是利用其金属材料的强度，用于穿越楼板、墙体的管道安装，避免管道破损，增强其使用寿命（图3-36）。但是，目前不再用镀锌管作为室内生活水管连接使用，因为使用几年后，管内会产生大量锈垢，流出的黄水不仅污染洁具，还会夹杂不光滑内壁滋生的细菌，锈蚀造成水中重金属含量过高，严重危害人体健康。

镀锌管的规格很多，主要有ϕ20mm（4分管）、ϕ25mm（6分管）、ϕ32mm（1寸管）、ϕ40mm（1.2寸管）、ϕ50mm（1.5寸管）等，其每种规格的内壁厚度也有多种规格。以ϕ25mm（6分管）的镀锌管为例，其内壁厚度为1.8mm、2mm、2.2mm、2.5mm、2.75mm、3mm、

图3-34 镀锌管（一）

图3-35 镀锌管（二）

图3-36　镀锌管安装

图3-37　镀锌管管件

3.25mm等多种，其中壁厚2.5mm的产品抗压性能可以达到3Mpa，价格为20~25元/m。

　　虽然镀锌管不用于生活饮用水管，但是选购时仍要注意产品质量，关键在于表面的镀层厚度与工艺，优质产品的表面比较光滑，无明显毛刺、扎手感，不能存在黑斑、气泡或粗糙面（图3-37）。管材的截面厚度应当均匀、饱满、圆整，不应该存在变形、弯曲、厚薄不均等现象。绝对不能购买已经生锈的管材，否则安装使用后生锈的面积会更大。

　　在安装镀锌管时需要注意，镀锌管虽然是硬质管材，但还是需进行固定，每间隔1m左右应该安装1个固定卡件，管材转角、接头等部位的两侧300mm内应当安装固定卡件。

六、不锈钢管

　　不锈钢管是采用304型或316型不锈钢制作的给水管材，是目前最高档的给水管（图3-38、图3-39），在住宅装修中，可直接用于饮用

图3-38　不锈钢管

图3-39　不锈钢管

水输送。不锈钢管按生产方法可以分为无缝管与焊接管两种，用于给水管的多为无缝管，按壁厚可以分为薄壁管、厚壁管两种，可以根据使用环境进行选择。不锈钢管与铜管相比，内壁更为光滑，通水性更高，在流速高的情况下不腐蚀，长期使用不会积垢，不易被细菌玷污，无须担心水质受其影响，更能杜绝自来水的二次污染，它的保温性也是铜管的20倍。

在现代住宅装修中，不锈钢管刚刚开始流行。目前在各种材质水管的性能价格比中，最优是不锈钢水管，可以用于各种冷水、热水、饮用净水、空气、燃气等管道系统。

不锈钢管的规格的表示分为外径（DN）与壁厚（EN），单位均为mm。不锈钢管的外径一般有φ20mm（4分管）、φ25mm（6分管）、φ32mm（1寸管）、φ40mm（1.2寸管）、φ50mm（1.5寸管）、φ65mm（2寸管）等，其每种规格管材的内壁厚度也有多种规格。不锈钢管长度为6m，以直径25mm（6分管）的不锈钢管为例，其内壁厚度有0.8mm、1mm等多种，其中壁厚1mm的产品抗压性能可以达到3Mpa，价格为30~40元／m。此外，不锈钢管还有各种规格、样式的接头配件，价格相对较高，是一套复杂的产品体系（图3-40）。

在选购不锈钢管要注意识别产品质量的优劣。首先，观察管材管

★装修顾问★

不锈钢管腐蚀的原因

金属与大气中的氧气反应后会在表面形成氧化膜。在普通碳钢上形成氧化铁后继续进行氧化，使锈蚀不断扩大，最终形成孔洞。可以利用油漆或耐氧化的金属（如锌、镍、铬）进行电镀以保证碳钢表面，但是，这种保护仅是一种薄膜。如果保护层被破坏，下面的钢便开始锈蚀。

不锈钢管的耐腐蚀性取决于铬的含量，当铬的添加量到10%时，钢的耐大气腐蚀性能显著增加，但铬含量更高时，尽管仍可提高耐腐蚀性，但不明显。原因是用铬对钢进行合金化处理时，将表面氧化物的类型改变成了类似于纯铬金属上形成的表面氧化物。这种紧密粘附的富铬氧化物保护表面，防止进一步氧化。这种氧化层非常薄，透过它可以看到不锈钢表面的自然光泽，使不锈钢具有独特的表面效果。如果损坏了表层，所暴露出的钢表面层会与氧气发生反应而进行自我修理，重新形成这种钝化膜，继续起到保护作用。

件外观，所有管材、配件的颜色应该基本一致，内外表面应光滑、平整，无凹凸，无气泡与其他影响性能的表面缺陷，不应该含有可见杂质。然后，测量管材、管件的外径与壁厚，对照管材表面印刷的参数，看看是否一致，尤其要注意管材的壁厚是否均匀，这直接影响管材的抗压性能。可以用手指伸进管内，优质管材的管口应当光滑，没有任何纹理或凸凹，裁切管口没有毛边。接着，观察不锈钢管的外部包装，优质品牌产品的管材两端应该有塑料盖封闭，防止灰尘、污垢污染管壁内侧，且每根管材的外部均具有塑料膜包装。可以用鼻子对着管口闻一下，优质产品不应该有任何气味。最后，观察配套的接头配件，不锈钢管的接头配件应当为固定配套产品，且为同等型号的不锈钢，每个接头的配件均有塑料袋密封包装。如果经济条件允许，建议选用知名品牌的产品。

目前，在我国生产不锈钢给水管的企业不多，大部分厂家都是生产不锈钢装饰管，这些不锈钢型材一般为204型不锈钢，主要用于门窗防盗网、栏板等构造加工，是不能用于给水管的，否则容易生锈且对人体有害。

不锈钢管的安装方式有卡套与压接两种，采用卡套安装与铝塑管的安装方式基本一致，使用一段时间后，管道存在老化漏水的问题，现在一般多采取压接工艺，这是一种新的安装技术，施工时应该使用特殊的卡钳，安装简单，抗漏水性能不错（图3-41）。如果准备选购不锈钢管，安装一般全部交给不锈钢管的经销商，其属下的施工员会更为熟悉产品的安装工艺。

图3-40　不锈钢管管件

图3-41　不锈钢管卡钳

七、编织软管

编织软管是采用橡胶管芯，在外围包裹不锈钢丝或其他合金丝制成的给水管（图3-42、图3-43）。编织软管要求采用304型不锈钢丝，配件为全铜产品，使用年限一般在5年以上。在家居装修中，编织软管一般用于连接固定给水管的末端与用水设备之间，例如，将PP-R管预留的末端接头与洗面台的混水龙头相连，由于PP-R管预留的末端接头高度一般为600mm，而安装在洗面台台面的混水阀高度为850mm左右，两者之间存在一定的高度差与位置差，而编织软管具有可以随意弯曲、变形的性能，连接起来十分方便。

编织软管的规格一般以长度判断，主要有400～1200mm多种，间隔100mm为一种规格，其外径为ϕ18mm左右，具体测量数据根据产品质量存在一定偏差。长600mm编制软管价格为10～15元／支。

目前，市场的编织软管产品繁多，在选购时要注意识别产品质量。首先，观察管身表面的编织效果，优质产品具有不跳丝、不断丝、不叠丝的特点。编织样式交织的密度越高越好。区分编织密度的高低，只需要观察编织层股与股之间的空隙孔径，孔径越小则密度越高，反之则越低（图3-44）。然后，观察管身编制材质是否为不锈钢，不锈钢牌号越高则说明抗腐蚀能力越强。至于区分不锈钢的具体型号，需要使用不锈钢检测试剂进行检测，一般以304型不锈钢钢丝为中高档产品。接着，观察编织软管其他配件材料的质量，如螺帽、内芯是否为纯铜配件，铜

图3-42　编织软管（一）

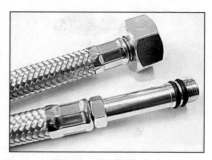

图3-43　编织软管（二）

螺帽的工艺是否是经过抛光镀铬，表面是否有毛刺，其冲压效果是否粗糙等（图3-45）。此外，还可以用鼻子闻编织软管的两端是否有刺鼻的气体，内管含胶量越高刺鼻性越小，反之则越高（图3-46）。含胶量越高的内管质量则越好，拉力、爆破等性能也更强。最后，用手将编织软管弯曲，观察其弯曲性能，优质产品的弯曲会有一定的阻力，但不会影响施工，且弯曲后能迅速还原，管材自身也不会产生任何变形、收缩、断裂等现象（图3-47）。

　　编织软管在安装过程中，一般先连接至用水设备上，如混水阀、坐便器等固定件，再连接固定给水管的预留接头，安装时要固定好编织软管的弯曲形态，不能随意摆动。为了保障用水安全，应该在给水管接头处增加1个三角阀，可以随时断水，以检修用水设备或更换编织软管。同时，三角阀的安装还能为编织软管安装带来方便，尤其在最后紧固时，能调整编织软管的曲度，曲度应该尽量自然流畅，避免编织软管因拉伸强度过大而产生破裂（图3-48、图3-49）。

图3-44　触摸表面

图3-45　观察管口

图3-46　闻管口

图3-47　扭曲管身

图3-48 编织软管安装（一）

图3-49 编织软管安装（二）

八、不锈钢波纹管

不锈钢波纹管又被称为不锈钢软管，是一种柔性耐压管材（图3-50、图3-51）。将304型或301型不锈钢冲压成凸凹不平的波纹形态，可以利用其自身的转折角进行弯曲，安装在给水管末端接头与用水设备之间，能补偿固定给水管长度的不足或位置不符。不锈钢波纹管能自由弯曲成各种角度与曲率半径，在各个方向上均有同样的柔软性与耐久性。不锈钢波纹管上的凸凹节距比较灵活，有较好的伸缩性，无阻塞与僵硬现象，管材弯曲后其形体不会自动还原，是传统编织软管的全新替代品。

在比较潮湿或恶劣环境的使用中，还可以选用包塑不锈钢波纹管，它是在常规不锈钢波纹管表面包裹一层阻燃聚氯乙烯材料，颜色通常为白色、灰色、黑色、黄色等（图3-52、图3-53），使不锈钢波纹管具有更高的抗拉力、抗破坏、耐压耐冲击及耐腐蚀性强等特点，并且具有更

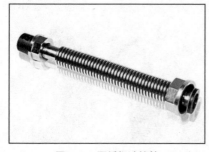

图3-50 不锈钢波纹管

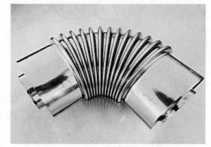

图3-51 不锈钢波纹管管件

好的电磁屏蔽功能。包塑不锈钢波纹管的防水、防油、防腐蚀、密封性更好，产品美观，结构紧密。

不锈钢波纹管的规格一般以长度判断，主要有200～1000mm多种，间隔100mm为一种规格，其外径为ϕ18mm左右，具体测量数据根据产品质量存在一定的偏差。常用长500mm的不锈钢波纹管价格为15～30元/支。

目前，市场上不锈钢波纹管的产品繁多，在选购时要注意识别产品质量。首先，观察管身表面的波纹形态，优质产品具有波纹均匀、整齐、光亮等效果，波纹节距的间距相等（图3-54）。然后，观察管身的编制材质是否为不锈钢，不锈钢牌号越高则说明抗腐蚀能力越强。至于区分不锈钢的具体型号，需要使用不锈钢的检测试剂进行检测，一般以304型不锈钢为中高档产品。接着，观察不锈钢波纹管其他配件材料的质量，如螺帽、内芯是否为不锈钢配件，螺帽的工艺是否是抛光，表面是否有毛刺等，其冲压效果是否粗糙（图3-55）。此外，可以用鼻子嗅

图3-52 包塑不锈钢波纹管（一）

图3-53 包塑不锈钢波纹管（二）

图3-54 触摸表面

图3-55 观察管口

图3-56　闻管口　　　　　　　　　图3-57　扭曲管身

闻不锈钢波纹管的进水口处是否会有刺鼻性气体，垫片与垫圈的含胶量越高刺鼻性就越小，反之则越高。含胶量越高管材的质量就越好，密封性能也较强（图3-56）。最后，用手将不锈钢波纹管弯曲，观察其弯曲性能，优质的产品弯曲有一定的阻力，但是不影响施工，且弯曲后能定型且不会还原，波纹节距过渡自然，管材自身更不会产生任何变形、收缩、断裂的现象（图3-57）。

　　不锈钢波纹管在安装过程中，一般先将其连接到用水设备上，如混水龙头、坐便器等固定件，再连接固定给水管的预留接头。为了保障用水安全，应该在给水管接头处增加一个三角阀，可以随时断水，以检修用水设备或更换不锈钢波纹管。同时，三角阀的安装还能为不锈钢波纹管的安装带来方便，尤其在最后紧固时，能调整不锈钢波纹管的曲度，避免管身拉伸强度过大而产生破裂。

九、水龙头

　　水龙头又被称为水阀门，是用来控制水流开关、大小的装置，具有节水的功效（图3-58、图3-59）。水龙头的更新换代速度非常快，从传统的铸铁龙头发展到电镀旋钮龙头，又发展到不锈钢双温双控龙头，现在还出现了厨房组合式龙头。

　　在家居装修中，水龙头的使用频率最高，产品门类丰富，价格差距也很大，普通产品的价格范围从50～200元不等，高档产品甚至达到上千元，选购时还须谨慎。

图3-58 水龙头（一） 　　　　　　图3-59 水龙头（二）

1. 水龙头种类

水龙头种类较多，按结构主要可以分为单联式、双联式、三联式等。单联式连接冷水管或热水管，多用于厨房水槽（图3-60），还有能够单独提供热水的加热龙头（图3-61）；双联式可同时连接冷、热两根管道，多用于卫生间洗面盆，以及有热水供应的厨房水槽水龙头（图3-62）；三联式除了连接冷、热水两根管道外，还可以连接淋浴喷头，主要用于浴缸或淋浴房（图3-63、图3-64）。

图3-60 单联式水龙头

图3-61 单联式加热水龙头

图3-62 双联式水龙头

图3-63 三联式水龙头

　　按开启方式可分为螺旋式、扳手式、抬启式、感应式等。螺旋式手柄打开时，要旋转很多圈；扳手式手柄一般只需旋转90°；抬启式手柄只需往上抬即可出水；感应式水龙头只要将手伸到水龙头下便会自动出水（图3-65）。另外，还有能延时关闭的水龙头，关闭水龙头后水还会再流几秒钟才停，可用于再次短时清洗（图3-66）。

　　按阀芯分类可分为橡胶阀芯（慢开阀芯）、陶瓷阀芯（快开阀芯）、不锈钢阀芯等。水龙头的质量关键在于阀芯。使用橡胶芯的水龙头多

图3-65　感应水龙头

图3-64　三联式淋浴水龙头

图3-66　延时水龙头

图3-67　橡胶阀芯

图3-68　陶瓷阀芯

★装修顾问★

水龙头保养

　　水龙头的使用频率很高，在日常使用中要注意清洁保养。清洁水龙头时要注意，不要用湿毛巾直接擦拭水龙头表面，防止表面镀铬层产生花斑。不要用带毛刺的物品擦拭水龙头，不要将硬物（如梳妆用品等）挤压在水龙头旁边，防止划伤表面镀铬层。不要让水龙头碰到酸碱液体，避免被腐蚀。可以用中性清洁剂喷在软布上轻轻擦拭，也可以间隔1~2个月，将汽车蜡喷到龙头表面3~5min后拭擦，这样可以保持水龙头时常光亮。

　　为螺旋式开关的水龙头，开启速度较慢（图3-67）；陶瓷阀芯的水龙头开关速度快，现在比较普遍（图3-68）；不锈钢阀芯更适合水质差的地区。

2. 水龙头选购

　　1）观察外观

　　水龙头外表面一般经过镀铬处理，可以在光线充足的情况下，将水龙头放在手中，先伸直手臂远距离观察，优质产品的表面应该乌亮如镜，无任何氧化斑点、烧焦痕迹（图3-69）。用手指按一下龙头表面，指纹如果能很快散开，则说明不易附着水垢。

　　2）注意材质

　　水龙头的主要部件一般用黄铜铸成，有些厂家选用锌合金代替以降低生产成本。可以采用估重的方式来鉴别，黄铜较重较硬，锌合金较轻较软，也可以用小手电筒照射水龙头内部，察看内部材质的颜色（图3-70）。还可以用手臂内侧皮肤突然接触水龙头，如果感到特别冰凉则

图3-69　触摸表面

图3-70　观察管内

图3-71　皮肤接触

图3-72　转动管身

为铜质产品（图3-71）。

　　3）阀芯配件

　　阀芯的质量是水龙头的关键，目前水龙头普遍使用陶瓷阀芯。优质的陶瓷阀芯开启、关闭迅速，温度调节简便。在转动手柄与管身时应感到轻便、无阻滞感（图3-72）。

　　4）识别包装

　　水龙头产品应该采用柔软的面料包装，外部套装一层聚苯乙烯泡沫毡，包装盒内应该有生产厂家的品牌标识、质量保证书等资料，正规厂家在水龙头的包装盒内有产品的质量保证书及售后服务卡，质保期一般为3年，生产高档产品的厂家甚至能够保证终身更换。

3. 水龙头安装

　　水龙头的质量与使用效果还在于正确的安装。在家居装修中，很多业主都能够自己安装水龙头，但是要注意安装步骤与细节。

　　1）准备工作

　　在安装前配齐各种安装工具与配件，如扳手、螺丝刀、钳子、生料带、三角阀、软管、胶垫圈等。打开水龙头包装盒，检查水龙头的组装件是否齐全。将水龙头放置在洗面盆、水槽等安装部位，预想一下安装细节（图3-73）。

　　2）固定水龙头

　　将水龙头固定在安装部位，在水龙头的下方安装给水软管，安装给水软管比较简单，用手旋转紧固后（图3-74），再用扳手稍许加强即可，不能用力过大而破坏接口的螺纹，也不必采用生料带包裹螺纹（图

3-75)。

3) 连接软管

在给水软管末端安装三角阀时，须用生料带缠绕三角阀的螺纹，一般须平整缠绕10～15圈，三角阀的出水口应该向上。将连接水龙头的软管安装至三角阀的出水口上即可，软管末端有配套的橡胶圈，安装时不必再用生料带缠绕。

4) 通水检测

如果发现渗漏，一般多为给水软管两端未缠绕生料带处而导致漏水，这时只需用扳手紧固即可（图3-76 ）。

在安装水龙头时务必小心谨慎，扳手的使用力量不能过大，避免破坏接口螺纹，给水软管的长度应当合适，软管安装后弯曲应该自然，不能强制扭曲而导致挤压，造成软管加速老化、破裂。安装冷热混水龙头时，要注意是左热右冷，不能将冷、热水管接错，以免水龙头损坏。

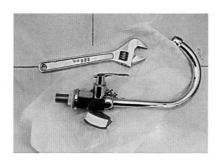

图3-73 检查配件

图3-74 固定水龙头

图3-75 软管接水龙头

图3-76 软管接给水管

十、三角阀

三角阀又被称为角阀、折角水阀。由于安装在给水管末端的三角阀呈90°转角形状，且阀体有进水口、水量控制口、出水口等三个口，因此而得名（图3-77、图3-78）。现在，新型的三角阀通过不断改进，虽然还是3个口，但也有不是角形外观的了。三角阀的内部管径为ϕ15mm，外部安装为ϕ20mm（4分管）或ϕ25mm（6分管），适用水压力≤1Mpa，适用水温≤90℃的冷热水。

在现代家居装修中，三角阀是必不可少的水路配件材料，它一般安装在固定给水管的末端，起到转接给水软管或用水设备的功能。当住宅小区或自来水公司提供的水压过小或过大时，可以在三角阀上适度调节。如果水龙头、给水软管、用水设备等发生损坏漏水时，可以将三角阀关闭后检修，不必触动入户总水阀，不影响其他管道的用水。三角阀一般安装在洗面盆、水槽、蹲便器、坐便器（图3-79）、浴缸、热水器

图3-77　三角阀（一）

图3-78　三角阀（二）

图3-79　坐便器三角阀安装

图3-80　热水器三角阀安装

（图3-80）等用水设备的给水处。质量较好的产品可以使用5年以上，价格一般为20~30元／件，少数高档品牌的产品价格高达100元／件以上。选购三角阀时要注意识别质量，识别与保养的方法与水龙头相当。

安装三角阀时应在接头螺口处缠绕生料带，不宜固定过紧，水流通过时会对接头部位造成压力，使用扳手拧至九成紧固即可。

十一、地漏

地漏是连接排水管道与室内地面的接口材料，是厨房、卫生间、阳台中排水的重要器具。地漏的好坏直接影响住宅室内的空气质量，优质的产品能够有效消除室内异味（图3-81、图3-82）。

优质地漏具备排水快、防臭味、防堵塞、免清理等优势。其中防臭地漏带有水封，这是优质产品的重要特征之一，水封深度可以达到50mm（图3-83）。侧墙式地漏、带网框地漏、密闭型地漏一般不带水封。防溢地漏、多通道地漏大多数带水封，选用时应该根据安装部位进行选择。对于不带水封的地漏，应该在地漏排出管处制作存水弯。地漏的规格一般为80mm×80mm，带水封的不锈钢地漏价格为20~30元/件，高档品牌的产品可达50元/件以上。

选购地漏时要注意识别质量，识别与保养方法与水龙头相当。地漏的使用效果主要与安装方式相关。卫生间、厨房的干区地漏可以设置在不显眼的位置，因为地面不会有太多积水。卫生间的湿区（如淋浴区）为了要保证下水通畅，应当安装在地面中央醒目的位置，地漏的上表面

图3-81 地漏（一）

图3-82 地漏（二）

图3-83　洗衣机地漏

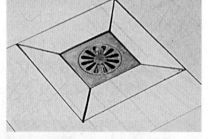

图3-84　地漏安装

须低于地砖表面5mm左右，周边地砖铺贴应向地漏中心倾斜，坡度为2%左右。安装时要避免破坏防水层，避免杂物落入排水管造成阻塞。安装地漏应该尽量使用水泥材料，而避免使用玻璃胶，防止固定不牢固（图3-84）。

十二、水路管材施工

1. 给水管安装

给水管是家装施工的重点，管道最终会被覆盖到墙体内，因此要特别关注施工质量，严格按顺序施工。

1）施工流程

首先，查看厨房、卫生间的施工环境，找到给水管入口，大多数毛坯商品房只将给水管引入厨房、卫生间就不作延伸了，在施工中应就地开口延伸，但是不能改动原有管道的入户方式。

然后，根据设计的要求在墙面开凿穿管所需的孔洞与暗槽（图3-85），现代家装中的给水管都布置在顶部，管道会被厨房、卫生间的扣板遮住。因此，一般只在墙面上开槽，而不会破坏地面防水层。

接着，根据墙面开槽的尺寸对给水管下料并预装，布置周全后仔细检查是否合理，进行正式热熔安装（图3-86），并采用预埋件与支托架固定管道。

最后，采用打压器为给水管试压，测试合格后即可使用水泥砂浆修补孔洞与暗槽。

2）施工要点

根据管路改造设计要求，将穿墙孔洞的中心位置用十字线标记在墙面上，用电锤钻洞孔，洞孔的中心线应该与穿墙管道的中心线吻合，洞孔应该平直。安装前还要清理管道内部，保证管内清洁无杂物。

安装时，注意接口质量，同时找准各管件端头的位置与朝向，以确保安装后连接各用水设备的位置正确。管线安装完毕，应及时清理管路。水路走线开槽应该保证暗埋的管道在墙内、地面内装修完毕后不再外露。开槽注意要大于管径20mm，管道试压合格后墙槽应用1：3水泥砂浆填补密实，其厚度为墙内冷水管应≥10mm，热水管应≥15mm，嵌入地面的管道应≥10mm。嵌入墙体、地面或暗敷的管道应作隐蔽工程验收。

明装单根冷水管道距墙表面应为15～20mm，冷热水管安装应该左热右冷，平行间距应≥200mm（图3-87、图3-88）。管接口与设备给水口的位置应该正确。对管道固定管卡应该进行防腐处理并安装牢固，当墙体为多孔砖墙时，应该凿孔并填实水泥砂浆后再安装固定件；当墙

图3-85 电锤钻孔开槽

图3-86 热熔焊接

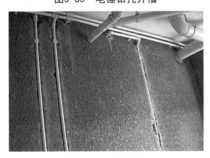

图3-87 布设安装

图3-88 端口安装局部

体为轻质隔墙时，应在墙体内设置预埋件。

　　管道敷设应该横平竖直，管卡位置及管道坡度均应该符合规范和要求。各类阀门的安装位置应该正确且平整，便于后期的使用和维修，外观要整齐美观。室内明装给水管道的管径一般都在15～20mm之间。管径为20mm及以下给水管道固定管卡设置的位置应该在转角、小水表、水龙头、三角阀及管道终端的100mm处。

　　管道暗敷在墙内或吊顶内，均应在试压合格后做好隐蔽工程验收记录工作。给水管道安装完成后，在隐蔽前应进行水压试验，给水管道试验压力应≥0.6Mpa（图3-89）。在没有加压条件下进行测试，可以关闭水管总阀（即水表前面的水管开关），打开总水阀门30分钟，确保没有水滴后关闭所有的水龙头。打开总水阀门30分钟后查看水表是否走动，包括缓慢的走动，如果有走动，即可确定为漏水了。

★装修顾问★

水管布置在顶部较为安全

　　给水管一般布置在顶部最安全，主要是水路改造大部分的布置都是暗管，而水的特性是水往低处流。如果管路走地下，一旦漏水很难及时发现，只有漏到楼下时才会发现漏水了，这时巨大的损失已是无法挽回，甚至还会严重影响邻里关系。如果给水管布置在顶部，可能施工费用高一些，但作为一项长远的投资来看，是值得的。水管走顶，即使漏水，也能够及时发现，便于检修，损失也较小。在日常生活中，如果发现乳胶漆墙面发霉鼓泡，踢脚线、木地板发黑及表面出现细泡，吊顶上出现阴湿现象或有水滴下，则很有可能是给水管漏水了，需要及时检修（图3-90）。

图3-89　打压测试

图3-90　给水管顶面布置

2. 排水管安装

排水管道的水压小，管道粗，安装起来相对简单。很多住宅的厨房、卫生间都是提前设置好排水管，一般无须刻意修改，只要按照排水管的位置安装洁具即可。但是有的住宅为下沉式卫生间，只预留一个排水孔，所有管道均需要现场设计、制作。

1) 施工流程

首先，查看厨房、卫生间的施工环境，找到排水管出口。现在大多数毛坯商品房将排水管引入厨房和下沉式卫生间后就不作延伸了，需要在施工中对排水口进行必要的延伸，需要注意的是，不能改动原有管道的入户方式。

然后，根据设计要求在地面上测量管道尺寸，对排水管下料并预装。厨房地面一般与其他房间等高，如果要改变排水口位置只能紧贴墙角作明装，待施工后期用地砖砌筑转角遮掩，或用橱柜遮掩。下沉式卫生间不能破坏原有地面的防水层，管道都应该在防水层上布置安装。

接着，布置周全后仔细检查是否合理，其后就正式胶接安装（图3-91），并采用各种预埋件与管路支托架固定排水管（图3-92、图3-93）。

最后，采用盛水容器为各排水管灌水试验，观察排水能力以及是否漏水，局部可以使用水泥加固管道。下沉式卫生间需用细砖渣回填平整，回填时注意不要破坏管道。

2) 施工要点

量取管材长度后，可以用钢锯手工切割或用切割机割锯。两端切口

图3-91 管道粘接

图3-92 地面管道安装（一）

图3-93 地面管道安装（二）

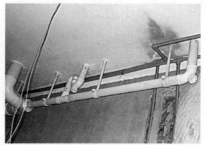

图3-94 管道吊架固定

应该尽量保持平整，用蝴蝶锉除去毛边并作倒角处理，倒角不宜过大。粘接前必须进行试组装，清洗插入管的管端外表约50mm的长度以及管件承接口的内壁，再用涂有丙酮的棉纱擦洗1次，然后在两者粘的结面上用毛刷均匀地涂上1层粘合剂，不能漏涂。涂毕即旋转到理想的组合角度，将管材插入管件的承接口，用木槌敲击，使管材全部插入承口，两分钟内不得拆开或转换方向，及时擦去结合处挤出的粘胶，以保持管道清洁。

安装PVC排水管应该注意管材与管件连接件的端面一定要清洁、干燥、无油，去除毛边和毛刺。管道安装时必须按不同管径的要求设置管卡或吊架，位置应该正确，埋设要平整，管卡与管道接触应该紧密，但不能损伤管道表面。采用管卡或吊架时，管卡与管道之间应该采用橡胶等软物隔垫，且吊架之间应该保持平行（图3-94）。其他各种新型管材的安装应该按生产企业提供的产品说明书进行施工。

第四章　电路线材

第四章 电路线材

在家居装修中，电路布设面积广大，电路施工材料要保证使用安全，一旦损坏会造成严重的后果，由于不能随意拆卸埋设在墙体中管线设备，故而维修起来较为困难。电路线材的选购要特别注意质量，除了选用正宗品牌的线材外，还要选择优质的辅材，配合严格、精湛的施工工艺，才能保证使用的安全。

一、电线

电线是指传导电流的导线，是电能传输、使用的载体，内部由1根或几根柔软的金属导线组成，外面包裹轻软的保护层。

1. 单股线

单股线即是单根电线，又可以细分为软芯线与硬芯线，内部是铜芯，外部包裹PVC绝缘层（图4-1、图4-2），需要在施工中组建回路，并穿接专用阻燃的PVC线管，方可入墙埋设。为了方便区分，单股线的PVC绝缘套有多种色彩，如红、绿、黄、蓝、紫、黑、白与绿黄双色等，在同一装修工程中，选用电线的颜色及用途应该一致。阻燃PVC线管表面应该光滑，壁厚要求达到手指用劲捏不破的程度。

单股线以卷为计量，每卷线材的长度标准应为100m。单股线的粗细规格一般按铜芯的截面面积进行划分，一般而言，普通照明用线选用1.5mm^2，插座用线选用2.5mm^2，热水器、壁挂空调等大功率电器设备

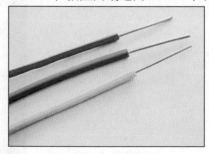

图4-1 单股线

图4-2 单股线包装

的用线选用4mm²，中央空调等超大功率电器可选用6mm²以上的电线。1.5mm²的单股单芯线价格为100~150元／卷，2.5mm²的单股单芯线价格为200~250元／卷，4mm²的单股单芯线价格为300~350元／卷，6mm²的单股单芯线价格为450~500元／卷，每卷100m。此外，为了方便施工，还有单股多芯线可供选择，其柔软性较好，但同等规格价格要贵10%左右。

在选购时要注意，单股线表面应该光滑，不起泡，外皮有弹性，每卷长度应≥98m，优质电线剥开后铜芯有明亮的光泽，柔软适中，不易折断。在家居装修中，单股线的使用比较灵活，施工员可以根据电路设计与实际需要进行组建回路，虽然需要外套PVC管，但是布设后更为安全可靠，是目前中大户型装修的主流电线。

单股线的施工要求严谨、细致，施工前要对线材通电检查，施工时明确分路与回路，聘请具有职业资格等级证书的电工进行操作，避免发生安全事故与材料浪费。单股线一般采用PVC穿线管套接，也可以采用镀锌管作为穿线管，抗压强度更高。

2. 护套线

护套线是在单股线的基础上增加了1根同规格的单股线，即成为由2根单股线组合为一体的独立回路，这2根单股线即为1根火线（相线）与1根零线，部分产品还包含1根地线，外部包裹有PVC绝缘套统一保护（图4-3、图4-4）。PVC绝缘套一般为白色或黑色，内部电线为红色与彩色，安装时可以直接埋设到墙内，使用方便。

图4-3 护套线

图4-4 护套线包装

护套线都以卷为计量，每卷线材的长度标准应该为100m。护套线的粗细规格一般按铜芯的截面面积进行划分，一般而言，普通照明用线选用1.5mm²，插座用线选用2.5mm²，热水器等大功率电器设备的用线选用4mm²，中央空调超大功率电器可以选用6mm²以上的电线。1.5mm²的护套线价格为300～350元／卷，2.5mm²的护套线价格为450～500元／卷，4mm²的护套线价格为800～900元／卷，6mm²的单股单芯线价格为1000～1200元／卷，每卷100m。

在选购时要注意，护套线表面应该光滑，不起泡，外皮有弹性，每卷长度应≥98m，优质电线剥开后铜芯明亮光泽，柔软适中且不易折断。

护套线的施工比较简单，施工员无须组建回路，也不需要外套PVC管，适用于中小户型的装修。除了无须外套PVC管以外，其他施工要点与单股线一致，只是在环境恶劣的条件下，如户外庭院、混凝土构造中布线仍需外套穿线管。

3. 电话线

电话线是指电信工程的入户信号传输线（图4-5、图4-6），主要用于电话通信线路连接。电话线表面绝缘层的颜色有白色、黑色、灰色等，其中白色较为常见。外部绝缘材料采用高密度聚乙烯或聚丙烯，具体颜色按照国标色谱作标明。电话线的内导体为退火裸铜丝，常见的有2芯与4芯两种产品，2芯电话线用于普通电话机，4芯电话线用于视频电话机。内部导线规格为ϕ0.4mm与ϕ0.5mm，部分地区为ϕ0.8mm与ϕ1mm。电话线的包装规格为100m/卷或200m/卷，其中4芯全铜电话线

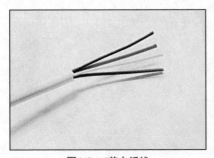

图4-5　4芯电话线

图4-6　电话线接头

★装修顾问★

常用电线标识解释

CEF：乙丙橡胶绝缘氯丁橡胶护套。

VV：聚氯乙烯绝缘（第1个V），聚氯乙烯护套（第2个V）。

BV：铜芯聚氯乙烯绝缘电线。

BVR：铜芯聚氯乙烯绝缘软线。

BX：铜芯橡皮绝缘线。

RV：铜芯聚氯乙烯绝缘软线。

RHF：铜芯氯丁橡套软线。

RVV：铜芯聚氯乙烯绝缘与护套软电线。

的价格为150～200元/卷。

在选购时要注意，由于电话线用量不大，因此一般建议选用知名品牌的产品，以确保质量。除此之外，还要关注导线材料，导线应该采用高纯度无氧铜，其传输衰减小，信号损耗小，音质清晰无噪，通话无距离感。关注护套材料，高档品牌产品多采用透明护套，耐酸、碱腐蚀，防老化，且使用寿命长。透明护套中的铅、镉等重金属与重金属化合物的含量极低，具有较高的环保性。

施工时应该与其他电源线或信号线分开布置，以免电磁信号干扰电话的通话质量，现在更多家庭用户都使用无绳电话，电话线入户后应该将终端预留在整套住宅中央墙体的顶端为最佳。

4. 电视线

电视线又被称为视频信号传输线，是用于传输视频与音频信号的常用线材，一般为同轴线（图4-7、图4-8）。电视线的质量优劣直接影

图4-7　电视线

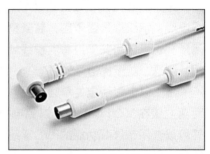

图4-8　电视线接头

★装修顾问★

预防电线绝缘层损坏

在日常生活中，常会出现电线短路、烧断、老化等现象。因此，需要通过有效的方法积极预防电线绝缘层损坏，保护电线的正常运作。在使用中，应当注意电器的使用功率，大功率的电器在普通电线上长时间运行会加速电流的通过，从而造成电线绝缘层温度过高，容易导致损坏。不要让电线受潮、受热、受腐蚀或碰伤、压伤，尽可能不让电线通过温度高、湿度大、有腐蚀性蒸气或气体的空间，电线通过容易碰伤的地方要妥善保护。定期检查维修线路，有缺陷要立即修好，陈旧老化的电线必须及时更换，确保线路安全运行。

响电视的收看效果。电视线一般分为96网、128网、160网。网是外面铝丝的根数，直接决定了传送信号的清晰度与分辨率。线材分2P与4P，2P是1层锡与1层铝丝，4P是2层锡与2层铝丝。

电视线的一般型号为SYV75－X，其中S表示同轴射频电缆，Y表示聚乙烯，V表示聚氯乙烯，75表示特征阻抗，X表示其绝缘外径，如3mm、5mm，数字越大线径越粗，且传输距离就越远。例如，SYV75－3能正常工作的传输距离为100m，SYV75－5为300m，SYV75－7为500～800m，SYV75－9为1000～1500m。同一规格的电视线有不同价位的产品，其中主要区别在于所用的内芯材料是纯铜的还是铜包铝的，或外屏蔽层铜芯的绞数，如96编（指由96根细铜芯编织）、128编等，编数越多，屏蔽性能就越好。目前，常用的型号一般是SYV75－5，128编的价格为150～200元／卷，每卷100m。

选购时要注意，最好选择4层屏蔽电视线，选择电视线最重要的是看电线的编织层是否紧密，越紧密说明屏蔽功能越好，电视信号也就越清晰。也可以用美工刀将电视线划开，观察铜丝的粗细，铜丝越粗，证明其防磁、防干扰信号较好。

施工时电视线应当单独布设，电视线与其他电源线或信号线的平行距离应该在300mm以上，以免电视信号受到干扰。电视线所用的穿线管可以选用带屏蔽功能的PVC穿线管，虽然价格较高，但是传输信号的质量有保证。

5. 音箱线

音箱线又被称为音频线、发烧线，是用来传播声音的电线，由高纯度铜或银作为导体制成，其中铜材为无氧铜或镀锡铜（图4-9、图4-10）。音箱线由电线与连接头两部分组成，其中电线一般为双芯屏蔽电线，连接头常见的有RCA（莲花头音频线）、XLR（卡农头音频线）、TRS JACKS（俗称插笔头）。音箱线用于播放设备、功放、主音箱、环绕音箱之间的连接。

常见的音箱线由大量的铜芯线组成，有100芯、150芯、200芯、250芯、300芯、350芯等多种，其中使用最多的是200芯与300芯的音箱线。一般而言，200芯就能满足基本需要。如果对音响效果要求很高，要求声音异常逼真等，可以考虑300芯的音箱线。音箱线在工作时要防止外界的电磁干扰，需要增加锡与铜线网作为屏蔽层，屏蔽层一般厚1~1.3mm。常用的200芯纯铜音箱线价格为5~8元／m。

选购时要注意，不能片面迷信高纯材料制成的音箱线，现在很多顶级音箱线都采用合金材料，因为每种单一材料都有声音的表现个性，材料越纯，个性越明显，不同材料的线材混合使用会在一定程度上调整音色，改善音质，品牌产品一般都用不同材质的合金材料制成。

音箱线的施工与电视线基本相同，应当单独布设。关键在于音箱设备的摆放，功放一般放置在左、右声道音箱之间，两个声道的音箱线应一样长，每声道为2~3m为宜。一般而言，主音箱应该选用300芯以上的音箱线，环绕音箱用200芯左右的音箱线。

图4-9　音箱线

图4-10　音箱线接头

6. 网路线

网路线是指计算机连接局域网的数据传输线，在局域网中常见的网线主要为双绞线。双绞线采用一对互相绝缘的金属导线互相绞合用以抵御外界电磁波干扰，每根导线在传输中辐射的电波会被另一根线所发出的电波抵消，双绞线的名字由此得来（图4-11～图4-14）。

目前，双绞线可以分为非屏蔽双绞线与屏蔽双绞线，屏蔽双绞线电缆的外层由铝铂包裹，以减小辐射，但并不能完全消除辐射，价格相对较高，安装时要比非屏蔽双绞线困难。非屏蔽双绞线直径小，节省空间，其重量轻、易弯曲、易安装，阻燃性好，能够将近端串扰减至最小或消除。

常见的双绞线有5类线、超5类线、6类线等几种，前者线径细而后者线径粗。目前，在家居装修中运用最多的是超5类线与6类线。超5类线衰减小，串扰少，性能较高，主要用于千兆位以太网（1000Mbps）。

图4-11　网路线

图4-12　网路线包装

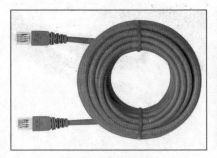

图4-13　成品网路线

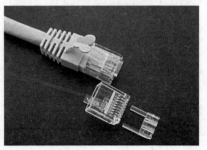

图4-14　网路线接头

6类线的电缆的传输频率为1MHz～250MHz，它提供2倍于超5类线的带宽。6类线的传输性能远高于超5类线标准，最适用于传输速率＞1Gbps的网络。

在家居装修中，从家用路由器到计算机之间的网路线一般应＜50m，网路线过长会引起网络信号衰减，沿路干扰增加，传输数据容易出错，因而会造成上网卡、网页出错等情况，给人造成网速变慢的感觉，实际上网速并没有变慢，只是数据出错后，计算机对数据的校验与纠错时间增加了。目前常用的6类线价格为300～400元／卷。

在选购网路线时要注意识别。首先，辨别正确的标识，超5类线的标识为cat5e，带宽155M，是目前的主流产品；六类线的标识为cat6，带宽250M，用于千兆网。正宗网路线在外层表皮上印刷的文字非常清晰、圆滑，基本上没有锯齿状（图4-15）。伪劣产品的印刷质量较差，字体不清晰，或呈严重锯齿状。其次，可用手触摸网路线，正宗产品为了适应不同的网络环境需求，都是采用铜材作为导线芯，质地较软，而伪劣产品为了降低成本，在铜材中添加了其他金属元素，导线较硬，不易弯曲，使用中容易产生断线。接着，可以用美工刀割掉部分外层表皮，使其露出4对芯线。其绕线密度适中，呈逆时针方向。伪劣产品的绕线密度很小，方向也凌乱。最后，可以用打火机点燃，正宗的网路线外层表皮具有阻燃性，而伪劣产品一般不具有阻燃性，不符合安全标准。

在施工过程中，网路线要用专业的网线钳加工（图4-16）。首先，采用网线钳上的剪线刀口剪整齐，将线头放入剥线刀口，划开双绞线的

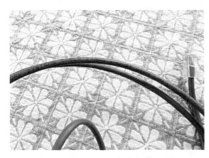

图4-15　网路线文字

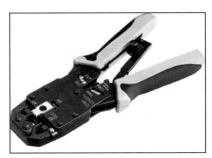

图4-16　网线钳

保护胶皮，拔下长10mm的胶皮。网线钳挡位离剥线刀口的长度通常恰好为水晶头的长度，这样可以有效避免剥线过长或过短。剥除外包皮后即可见到双绞网路线的4对8条芯线，并且可以看到每对的颜色都不同。然后，进行安装排列，标准线序从左到右依次为白橙、橙、白绿、蓝、白蓝、绿、白棕、棕，分别排列至水晶头的8根针脚。将水晶头有塑料弹簧片的一面向下，有针脚的一方向上，使有针脚的一端指向外，有方形孔的一端向内（施工员），最左边的是第1脚，最右边的是第8脚。接着，依次排列插入水晶头即可。检查线序无误后，就可以用网线钳制水晶头了。当水晶头两端都制作完成后，即可用网线测试仪进行测试，如果测试仪上8个指示灯都依次为绿色闪过，证明连接成功。若为红灯或黄灯，就需要重新检查并重新连接。

7. 电线选购方法

1）识别印刷信息

无论是哪一种电线，都应该到正规的商店进行购买，认准国家电工认证标记（长城图案）以及电线上印刷的商标、规格、电压等信息（图4-17）。优质产品的重量应该与标称的重量一致。伪劣产品往往是三无产品，虽然上面会印刷产地等文字，如中国制造、中国某省或某市制造等，但是并未标出厂家名称。

2）观察铜芯质地

优质铜芯电线的铜芯应该是紫红色，有光泽、手感软。伪劣产品的铜芯为紫黑色、偏黄或偏白，杂质较多，机械强度差，韧性不佳，稍用力或多次弯折即会折断，而且电线内常有断线现象。还可以采用美工刀将电线一端剥开长约10mm，刀切开电线绝缘层时应当感到阻力均匀（图4-18）。将铜芯在较厚的白纸上反复磨划（图4-19），如果白纸上有黑色物质，说明铜芯中的杂质较多。

3）观察绝缘层质地

优质电线的绝缘层厚度、硬度比较适中，拉扯后有弹性。伪劣产品的绝缘层看上去似乎很厚实，实际大多采用再生塑料制成，时间一长绝缘层就会老化进而发生漏电。可以用打火机燃烧电线的绝缘层，优质产品不容易燃烧，离开火焰后会自动熄灭，而伪劣产品遇火即燃，离开火

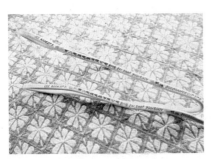

图4-17 电线文字

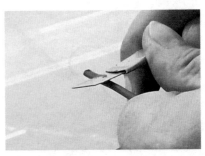

图4-18 美工刀削切

图4-19 白纸磨划

图4-20 火烧绝缘层

焰后仍然燃烧，且有刺鼻的气味（图4-20）。

4）仔细询问价格

由于假冒伪劣电线的制作成本低，因此，商家常以低价销售，使业主上当。一些业主为了省钱，忽视安全，专拣那些价格低，质量无保证，事故隐患大的劣质电线。其安全性将无法得到保障，再加上伪劣产品的长度严重不足，一般＜90m／卷，虽然以超低价格充斥市场，但是整体核算下来，价格与正宗产品相差无几。

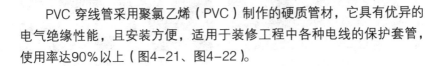

二、PVC穿线管

PVC 穿线管采用聚氯乙烯（PVC）制作的硬质管材，它具有优异的电气绝缘性能，且安装方便，适用于装修工程中各种电线的保护套管，使用率达90%以上（图4-21、图4-22）。

图4-21　PVC穿线管

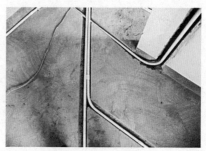

图4-22　PVC穿线管布设

　　PVC穿线管按联结形式分为螺纹套管与非螺纹套管，其中非螺纹套管较为常用。PVC穿线管的规格有ϕ16mm、ϕ20mm、ϕ25mm、ϕ32mm等多种，内壁厚度一般应≥1mm，长度为3m或4m。为了在施工中有所区分，PVC穿线管有红色、蓝色、绿色、黄色、白色等多种颜色。其中ϕ20mm的中型PVC穿线的管价格为1.5～2元／m。为了配合转角处施工，还有PVC波纹穿线管等配套产品，价格低廉，一般为0.5～1元／m。

　　PVC穿线管的选购方法与PVC排水管类似，具体应该根据施工要求进行选购。如果装修面积较大，且房间较多，一般在地面上布线，要求选用强度较高的重型PVC穿线管，而装修面积较小，且房间较少的话，则可以在墙、顶面上布线，可以选用普通中型PVC穿线管。在转角处除了采用同等规格与质量的PVC波纹穿线管外（图4-24），还可以选用转角、三通、四通等成品PVC管件。在混凝土横梁、立柱处的转角时，可以局部采用编织管套。如果穿线管的转角部位很宽松，还可以使用弯

图4-23　金属穿线管

图4-24　PVC波纹穿线管

管器直接加工，这样能提高施工效率。

在施工时，PVC穿线管中配线时应注意电线的数量，穿管电线的截面面积之和不应该超过PVC穿线管内空截面面积的40%，要保证有一定的空余空间用于散热。在接线盒周边，PVC穿线管应该与接线盒无缝对接，不能存在间隙或多余。电力线与信号线不能同穿一管内，两者之间应保持≥300mm的平行间距。PVC穿线管的安装原则是不能在任何环节上裸露电线，以确保内部电线的安全。

三、接线暗盒

接线暗盒是采用PVC或金属制作的电路连接盒（图4-25、图4-26）。在现代家居装修中，各种电线的布设都采取暗铺装的方式施工，即各种电线埋入顶、墙、地面或构造中，从外部看不到电线的形态与布局，使家居环境显得美观、简洁，接线暗盒一般都需要进行预埋安装，成为必备的电路辅助材料。接线暗盒主要起连接电线，过渡各种电器线路，保护线路安全的作用。

常用的接线暗盒有86型、120型等其他特殊功能暗盒，此外，还有一些电器设备与空气开关的暗设箱体也被称为接线暗盒，其具体规格不一。86型暗盒的尺寸约80mm×80mm，面板尺寸约86mm×86mm，是使用的最多的一种接线暗盒，可广泛应用于家居装修中。86型面板分为单盒与多联盒，其中多联盒是由2个及2个以上的单盒组合。120型接线暗盒分为120／60型与120／120型两种，120／60型暗盒尺寸约

图4-25 PVC接线暗盒

图4-26 金属接线暗盒

114mm×54mm，面板尺寸约120mm×60mm，120／120型暗盒尺寸约114mm×114mm，面板尺寸约120mm×120mm。至于特殊作用的暗盒由于用途不同，其型号与类别种类繁多，主要用于线路的过渡连接。还有一些是特制的专用暗盒，仅供其配套产品使用。

不同材质的接线暗盒不宜进行混合使用，如金属材质暗盒主要用于混凝土或承重墙中，其防火、抗压性能良好。而PVC材质的暗盒其绝缘性能更好，使用面更广，施工时应该根据不同环境选用不同材质的暗盒。常用的86型PVC暗盒价格为1～2元／个，具体价格根据质量而不同。

选购时需要注意的是，劣质接线暗盒多采用返炼胶制作，内部杂质较多，防火性能差，甚至遇到明火立即软化，甚至自燃。识别接线暗盒质量的优劣主要观察其颜色，一般褐色、黑色、灰色产品多为返炼胶制作，且暗盒表面有不规则的花纹，表示其材料中含杂质较多，彼此间没有完全融合。伪劣材料质地粗糙，且边角部位毛刺较多，用力拉扯暗盒侧壁容易变形或断裂。而优质产品一般为白色、米色，质地光滑、厚实，有一定的弹性且不易变形。将暗盒放在地上，用脚踩压不应变形或断裂。用打火机点燃后应该无刺鼻气味，离开火焰后会自动熄灭。优质暗盒的一侧螺钉口设计有一定的活动空间，即使开关插座面板安装后略有倾斜，也能够顺利调整到位。

在装修施工中，穿线管尽量不要破坏暗盒的结构，否则容易导致预埋时盒体变型，对面板的安装造成不良的影响。同时，在穿管、穿线的施工中应该注意暗盒的预留孔是否会对电线造成损伤。在墙、顶面上开设暗盒洞口的尺寸应该精确，放置暗盒后应平整、端正且不松动，对可能造成安装不牢固的缝隙进行填补1：2水泥砂浆或白水泥浆（图4-27）。在厨房、卫生间等需要铺贴瓷砖的墙面放置暗盒时还要注意预留瓷砖的铺贴厚度，避免安装开关插座面板时产生凹陷。

图4-27　接线暗盒安装

四、空气开关

空气开关又被称为空气断路器,是指开关触头在大气压力下能够分合的断路器,其绝缘介质为空气(图4-28、图4-29)。空气开关目前被广泛应用于500V以下的交、直流电路中,主要起到接通、分断、承载额定工作电流与短路、过载等故障电流。当电路内发生过负荷、短路、电压降低或消失时,其能够自动切断电路,对用电设备进行可靠保护。

空气开关的规格与标识有固定的意义,如空气开关产品上标有DZ47-63 C40 220V/380V -50HZ的字样。其中DZ表示小型自动空气断路器,DZ是自动的反拼音;47表示产品的设计序号;63表示该规格最大型号;C表示普通照明用;40表示起跳电流为40A;220V/380V表示额定电压;50HZ表示额定频率。

目前在家居装修中使用的空气开关,常见的有C16、C25、C32、C40等规格,一般安装2500W壁挂式空调或热水器要用C16空气开关,而安装7500W的立柜空调或中央空调则要用C40空气开关。常用的小型空气开关,如DZ47 C25空气开关的价格为10~20元/个。

空气开关是用来保护电线及防止火灾的发生,所以需要根据电线的规格进行选配。1.5mm²的电线配C10空气开关,2.5mm²电线配C16或C20的空气开关,4mm²的电线配C25空气开关,6mm²的电线配C32空气开关。如果常规电线规格太小,应该给大功率电器配以专用线。

选购时需要注意的是,空气开关的型号、规格很多,具体购买型号

图4-28 空气开关

图4-29 空气开关安装

应该根据电路施工员的要求进行确定，不能凭主观印象购买，避免因型号、规格上的错误造成不必要的浪费。优质空气开关的外壳应该坚硬、牢固，棱角锐利，接缝处紧密、均匀、自然（图4-30、图4-31）。用手开启、关闭开关，具有较强的阻力，声音干脆且浑厚，无任何松动感。空气开关背后的接线卡口为纯铜材料，质地厚实。可以用鼻子仔细闻一下空气开关的各面域，优质产品应该没有任何刺鼻的气味。

施工时应该完全紧固空气开关与电箱基座之间的螺丝，不能有任何松动，防止输入输出电线的接头因发生松动而引起危险。

五、开关插座面板

开关插座面板是控制电路开启、关闭的重要构造，是电路材料的重点，开关插座面板价格相差很大，品牌繁多，从产品外观上看并没有多大的区别，但是内在质量却相差很大。下面将把开关插座面板分为普通开关插座、智能开关、地面插座等类别，进行详细的介绍。

1. 普通开关插座

普通开关插座的运用最多，主要可以分为常规开关、常规插座、开关插座组合等多种形式。在现代家居装修中多采用暗盒安装，普通开关插座面板的规格为86、120型。其中86型是一种国际标准，即面板尺寸约86mm×86mm。120型面板一般都采用模块化安装，即面板尺寸约120mm×60mm或120mm×120mm，可以任意选配不同的开关、插座组合。一般国际品牌大厂的产品多为86型。

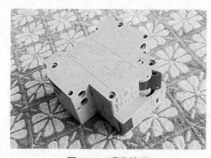

图4-30 观察接缝

图4-31 观察接线端子

普通开关插座背后都有接线端子，常见有传统的螺丝端子与速接端子两种，后者的使用更为可靠，且接线非常简单快速，即使非专业的装修业主自己也能安装，只要将电线简单地插入端子孔，连接即告完成，且不会脱落，现在多数产品均为速接端子。

1）开关

开关是用来控制电源开启、关闭的电路装置。开关的启动方式很多，一般分为旋转式、倒板式、翘板式、滑板式等多种。家用开关最常用的是翘板式，目前比较流行的是大翘板开关，其翘板面积占据整个面板，开关力度很轻、很舒适（图4-32、图4-33）。

为了方便使用，部分开关带有夜光功能，这样在晚上也能方便地找到开关的位置，发光方式主要有荧光粉与电源两种类型，前者价格较低，但是荧光粉在外界光源消失后，能量将很快耗尽，无法长久地起到荧光作用，而电源发光则可以长期点亮。常规的86型单联单控开关价格为10~20元／个。

施工时应该紧固开关面板与基座暗盒之间的螺丝，不然产生任何松动均易导致电路接触不良。不应将两个以上的用电设备连接在同一个开关上，否则容易产生过载电流，导致用电事故。

2）插座

插座是用来接通电源的电路装置，供各种电器、设备的插头插入使用（图4-34、图4-35）。在家居装修中，还会用到多功能插座，它主要是指3孔插座。我国国家标准规定的插头型式为扁形，有两极（2孔）与

图4-32 开关面板（一）

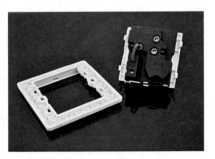

图4-33 开关面板（二）

图4-34 插座面板（一）

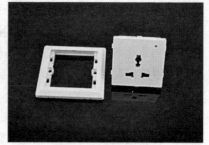

图4-35 插座面板（二）

两极带接地（3孔）插头两种。圆柱形插头现在已经很少出现，但是为了方便使用，2孔插座大多都有圆头，而3孔插座也有扁形与圆形两种。多功能插座一般为计算机、手机充电器、数码产品使用较多。

由于多功能插座的孔比较大，对于儿童来说不安全，因此一般都设有保护门。有保护门的产品是无法从外面直接看到里面的金属部件，金属部件被塑料片遮挡。目的在于防止儿童玩耍时不慎插入从而引起触电事故。（图4-36）。

在厨房、卫生间、淋浴间等空间还应该选用带有防水盖板的插座，或在墙面已有的插座上加装防水盖板，在容易溅到水的地方，如厨房水盆上方，或卫生间，需要安装此面板，以利安全（图4-37）。插座的价格差距很大，常规的86型3孔插座价格为10～20元／个。

施工时应该将插座上接地电线安装到位，不能留空而使用电设备丧失接地功能，接地电线应该采用与火线规格相同的电线，不能为了节约成本用较细的电线替代。

图4-36 插座保护门

图4-37 插座防水盖板

2. 智能开关

智能开关是指能够接受各种感应信息，经过智能分析后控制开启、关闭的开关装置，在家居装修中，主要分为红外感应开关、声音感应开关、触摸感应开关、遥控开关等4种。

1）红外感应开关

红外感应开关是一种当有人从红外感应探测区域经过而能够自动开启、关闭的开关（图4-38）。人体都有恒定的体温，一般为37℃，会发出特定波长为10UM左右的红外线。当有人进入开关感应范围时，被动式红外探头探测到人体发射的红外线后进行工作，控制电路的开启。如果人不离开感应范围，开关将持续接通；如果人离开后或在感应区域内无动作，开关会延时关闭。

在住宅空间中，全自动红外感应开关适用于走廊、楼梯、储藏间、更衣件、车库、洗卫生间等面积较小且功能单一的空间，主要用来控制照明、换气等常规电器设备。能做到人到灯亮，人离灯熄，亲切方便，安全节能（图4-39）。红外感应开关具有过零检测功能，无触点电子开关，延长负载使用寿命。红外感应开关的价格为20~30元／个，但是知名品牌的产品或用于特殊环境的产品价格相对较高。

红外感应开关施工时要注意，因为开关左右两侧比上下两侧的感应范围大，安装开关时应该使其正轴线与人的行走通道方向尽量垂直，这样可以达到最佳的感应效果。红外感应开关一般只适用于室内环境，不宜在户外恶劣的环境下使用。

图4-38　红外感应开关

图4-39　红外感应灯

2）声音感应开关

声音感应开关又被称为声控开关，或声控延时开关，是一种内无接触点，利用声响效果激发拾音器进行声电转换，控制用电设备自动开启、关闭的开关（图4-40、图4-41）。当人在开关附近用手或其他方式（如跺脚、喊叫等）而发出一定声响，就能立即开启灯光或电器的设备。

在住宅空间中，全自动声音感应开关适用于走廊、楼梯、储藏间、更衣件、车库、卫生间等面积较小且功能单一的空间，主要用来控制照明、换气等常规电器设备。声音感应开关的价格为20～30元／个，但是知名品牌的产品或用于特殊环境的产品价格相对较高。

声音感应开关在施工中应该注意防尘，灰尘进入开关后会积落在拾音器上，从而影响开关的敏感度。长此以往，只有发出更大的声音才能使其正常运行。因此，在施工现场应该保持环境卫生，避免灰尘过多，并及时清理声音感应开关表面与内部灰尘。

3）触摸感应开关

触摸感应开关又被称为轻触开关，是一种依靠手指、皮肤轻轻接触即可控制照明或电器设备开启、关闭的智能开关（图4-42、图4-43）。触摸感应开关需要消耗一定的电能，在待机时，开关的待机电能是通过流过电子镇流器控制电路供电，待机功耗约为1W。

触摸感应开关现在正逐步应用于普通住宅装修中，普通单一功能的触摸感应开关价格一般为20～30元／个，集成多种照明、电器，甚至带有遥控功能的产品价格较高，一般为100～200元／个。

图4-40　声音感应开关外观

图4-41　声音感应开关内部

图4-42 触摸感应开关（一）

图4-43 触摸感应开关（二）

在施工时，施工员应当佩戴防静电手套进行安装，避免手指静电破坏了开关上的传感器。

4）遥控开关

遥控开关是采用无线遥控技术来控制照明与电器设备开启、关闭的开关。遥控开关的使用方法与电视、空调的遥控器相同，已成为现代装修业主追逐的潮流（图4-44、图4-45）。常用的遥控开关一般分发射与接收两个部分，发射部分一般分为两种类型，即遥控器与发射模块，接收部分也分为两种类型，即超外差与超再生接收方式。多功能遥控开关的待机功耗约0.02W，负载总功率为5～500W，室内遥控距离≥20m。遥控开关的价格较高，一般为100～200元／个。

施工安装简便，接线方式与传统开关的接线方式完全相同，即单火接入，零线接出。在施工中，遥控开关可能受到环境因素的影响而不能正常使用。如发射功率，若发射功率大则距离远，但耗电较大，容易产生干扰或受到干扰，尤其是会受到施工现场的空气压缩机等其他电气工

图4-44 遥控开关（一）

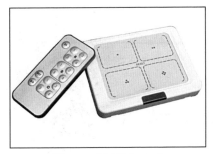

图4-45 遥控开关（二）

具、设备影响。如果这时将接收器的接收灵敏度提高，遥控距离就会增大，但容易受干扰造成误动或失控。如果遥控器与开关面板之间有墙壁阻挡，则会大大缩短遥控距离，如果是钢筋混凝土墙壁，影响则更大。

3. 地面插座

地面插座是专用于地面安装的插座，一般为多功能插座。地面插座盒内安装有多个插座的面板，面板固定在基座盖套里，其总体高度可调。地面插座内一般具有多个插座，可多路接线，功能多、用途广、接线方便（图4-46、图4-47）。

地面插座按开启方式可以分为阻尼型与弹起型两种。阻尼型插座表面均匀细质，平滑美观，与安装面紧密贴合。打开时，表面被阻尼结构缓慢、匀速地升起。与弹起型相比噪声小，安全性高，手感更为舒适。按材质可以分为铜合金、锌合金、不锈钢等3种。按大小可以分为单联与双联两种，单联地面插座的有3位与6位两种，双联地面插座的模块应用更加多元化。常用插座模块为120型，可以安装各种常规2孔电源插座、3孔电源插座、5孔电源插座、电视插座、网线插座、音箱插座、电话插座等。

地面插座一般安装在面积较大的房间地面，或需要在中央摆放家具的房间地面。如客厅茶几下方的地面、书房书桌下方的地面、餐厅餐桌下方的地面等，方便各种电器设备随时取电。地面插座的表面规格为120mm×120mm，地面暗盒规格为100mm×100mm×55mm，一般采用金属暗盒。常用的5孔电源地面插座价格一般为60~100元／个。

施工时，正确安装地面插座基础后，应该采用中性玻璃胶将插座与

图4-46　地面插座（一）

图4-47　地面插座（二）

地面的接缝粘接牢固，防止地面积水流入插座内导致短路。高档产品配有密封垫圈，但是也要在缝隙处填补玻璃胶强化安全。

4. 开关插座面板的选购方法

开关插座面板的品种繁多，选购时需要注意识别产品质量，才能保证装修效果。

1）观察外观

优质开关插座的面板多采用高档塑料，表面看起来材质均匀，光洁且有质感。面板的材料主要有PC（防弹胶）与ABS（工程塑料）两种之分，PC材料的颜色为象牙白，ABS材料的颜色为苍白。而劣质产品多采用普通塑料，颜色较灰暗。低档产品多以ABS材料居多，而中高档的产品基本上都采用PC材料。当然PC材料的产品也有高低质量之分，其添加剂的成分也各不相同。优质PC材料的阻燃性能良好，抗冲击力强且不变色。质量不高的产品色泽苍白，质地粗大，材料的阻燃性不好，给正常使用埋下火灾隐患。总之，优质产品的正面外观平整，做工精细，无毛刺，色泽透亮（图4-48）。

此外，仔细观看面板的背部与内部，很多低档开关虽然从前面看是大块开关板，但从背部与内部可以看到是采用很小的开关构件制作的，质量较差且容易与大块开关板脱离。面板背部的功能件上应该铸有产品电气性能参数（图4-49）。正规厂家生产的产品上都标明额定电压、额定电流，以及电源性质符号、生产厂名、商标与3C标志，带接地极的插座要有接地符号。

图4-48　触摸表面

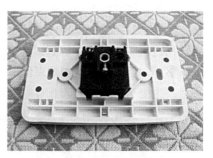

图4-49　观察背部

2）关注手感

优质产品为了保证触点连接可靠，降低接触电阻，一般选用的弹簧较硬，因此在开关时有比较强的阻力感，而普通产品则非常软，甚至经常发生开关手柄停在中间位置的现象，在使用上造成安全隐患。可以拆下面板的边框，用手握捏，边框虽然会变形，但是不会断裂，这就说明是PC材料的产品。

3）观察金属材料

开关插座面板中的金属材料主要为铜质插片与接线端子，优质产品的铜材应该为紫铜，颜色偏红，质地厚重。质量较差的产品多采用黄铜，偏黄色，质地软且易氧化变色。伪劣产品则采用镀铜铁片，鉴别是否为镀铜铁片的原理很简单，能被磁铁吸住的就是铁片，采用镀铜铁片的产品极易生锈变黑，具有安全隐患。铜质插片与接线端子的构造应当设计合理，可以用插头试一试，看插拔力度是否适中（图4-50）。此外，还要关注螺丝，一般以铜螺丝质量最好，镀铜螺丝也不错，如果是铁螺丝就容易生锈。

4）识别绝缘材料

绝缘材料的质量对于开关插座面板的安全性非常重要，但是却很难判断。如果条件允许，可以先购买1个当作实验品，采用打火机点燃产品中的黑色塑料，合格产品在离开火焰时不会继续燃烧，为阻燃材料。而劣质产品则会不断燃烧下去。此外，从外观上来看，优质产品的绝缘材料一般质地比较坚硬，很难划伤，结构严密，手感较重。

5）观察开关触点

开关插座面板的质量核心在于开关触点，即导电片，通常应该采用银铜复合材料制作，这样可以防止启闭时引起氧化。优质产品的开关触点采用纯银制作，能够达到国家规定的40000次的开关标准。银的导电性非常好，但是由于纯银熔点低，在使用中容易发生高温熔化或反复使用后产生变形等问题，因此有些厂商采用的银铜合金，既保证了银的良好导电性，又有效地提高了熔点与硬度（图4-51）。

6）查看产品包装

仔细查看产品包装是否完整，外包装上是否有详细的制造厂家或供

图4-50 插入插头

图4-51 观察触点

应商的地址、电话，包装内有使用说明书与合格证，包括3C认证及额定电流、电压等技术参数，知名品牌的产品还会登载质量承诺等。

5. 开关插座面板的安装方法

1）安装距离

开关插座面板的安装位置特别重要，一般家居装修的开关安装高度应该是距地面1.3m，拉线开关距离地面的安装高度为2m。明装插座距离地面的安装高度为1.3～1.5m，暗装插座距离地面的高度为0.3m。安装在台面、桌面上的开关插座应该距离其表面0.15～0.3m。在较大的室内空间的墙面上，应该在水平间距3.6m左右安装1个插座。应该从实用的角度合理安排开关、插座的位置。例如，厨房的插座应位于橱柜台面以上300mm才能避免水溅入（图4-52），卫生间电吹风与插座之间的距离不宜太远（图4-53）。

图4-52 橱柜台面上的插座

图4-53 电吹风与插座

2）安全规范

现行的住宅设计规范要求每套住宅的进户线截面应≥10m²。一般照明开关应该装于火线上。两相插座接线时应该保证左零右火的原则，上下分布时应该保证下零上火的原则，三相插座应该保证左零右火，地线接上的原则。装修布线施工后的相对地绝缘电阻应≥0.5MΩ。

为防止意外拉动造成连线被拉出插头或插座，可拆线的插头与插座的连接点必须是螺纹端子，而且要有软线固定部件，用以加强抗拉力，只有形成一体的不可拆线插头或插座才允许采用焊接方式。很多装修业主自己动手装配插座，为了图省事用绞线或打结方式接插头或接插座，这是不规范且不安全的。此外，电线的数量应该与插座极数相等，如果购买的是三相插座，而在施工中所配的电源线只接了两条导线，无接地导线，这就不能起到对电器的接地保护作用（图4-54）。

3）控制电线长度

在电路施工中，连接电线的长度不宜过长，要尽量就近使用电源。连线外露部分存在于经常有人来往的通道地面是十分危险的。一旦线路老化或遭外力损伤，很容易造成触电伤人的事故，应该在容易被人碰到的地方加装保护线槽（图4-55）。

此外，将过长的线盘起来使用也十分危险，长时间使用会导致电线积热，很容易造成火灾事故，同时电线越长，电阻也就越大，电能浪费也越大。此外，电线长度与线径有一定的关系，线径越细，相对的承载能力就越低。

图4-54　插座接线

图4-55　地面保护线槽

★装修顾问★

开关插座面板维修

家装电线一般埋在墙体或吊顶内，加上空气开关的保护，一般情况下是不会断裂、烧毁的，如果发生故障则大多在于开关插座面板的磨损。更换开关插座面板要注意安全，不能带电操作，一定要将入户电箱中的空气开关关闭。

首先，更换电器灯头或插头，仔细检查开关插座面板，确认已经损坏，关闭该线路上的空气开关，并用试电笔检测确认无电。

然后，使用平头螺丝刀将面板拆卸下来，再使用十字头螺丝刀将基层板拆卸下来，松开电线插口（图4-56、图4-57）。

接着，使用螺丝刀将坏的开关插座模块用力撬出，注意不要损坏基层板上的卡槽，将新的模块安装上去（图4-58）。

最后，将零线、火线分别固定到新模块的插孔内，将电线还原至暗盒内，安装还原即可。

如果没有十足的把握，可以在安装面板之前，打开空气开关通电检测，无任何问题后再安装面板（图4-59）。

图4-56 拆卸开关面板

图4-57 松开接线端子

图4-58 更换开关

图4-59 还原安装

六、灯具

在选购电路线材的同时多会考虑灯具，在装修前应该预先规划好灯具的布局与种类，列出采购清单，配合电路线材一同采购。以下介绍常用灯具产品，在选购时供参考。

1. 白炽灯

白炽灯是常用的照明器具，它是将灯丝通电加热到白炽状态，利用热辐射发出可见光的电光源（图4-60、图4-61）。

白炽灯的灯丝为螺旋状钨丝（钨丝熔点为3000℃），通电后不断将热量聚集，使得钨丝的温度达2000℃以上，钨丝在处于白炽状态时而发出光来，灯丝的温度越高，发出的光就越亮。白炽灯发光时，大量的电能将转化为热能，只有极少一部分转化为有用的光能。

白炽灯的灯泡外形有圆球形、蘑菇形、辣椒形等，灯壁有透明与磨砂两种，底部接口多为螺旋形，接口有大、小两种规格。常用白炽灯的功率有5W、10W、15W、25W、40W、60W等，其中25W的普通白炽灯价格一般为3~5元／个。

施工时，白炽灯的安装位置应该保持相对空旷，安装完毕后，灯泡外壁不应与其他构造接触，避免发热过大而发生自燃。

2. 射灯

射灯是指一种高度聚光的灯具，而且更多意义上属于一种指向性光源。它采用卤素灯作为发光体，外罩导光灯杯（灯罩），即它的光线照

图4-60　透明白炽灯泡

图4-61　磨砂白炽灯泡

射是具有可指定目标的（图4-62）。

　　射灯与白炽灯的发光原理基本相同，但是射灯灯珠的玻璃壳中充有一些卤族元素气体（碘或溴），当灯丝发热时，它能让钨原子冷却下来再生循环，使灯丝的使用寿命得到了延长，一般为白炽灯的4倍，同时由于灯丝可以在更高的温度下工作，从而得到了更高的亮度，更高的色温和更高的发光效率。

　　现代射灯品种繁多，但是多使用220V交流电通过电子变压器输出为12V直流电，射灯可以分为轨道式、点挂式与内嵌式等多种（图4-63～图4-65）。常用射灯的功率有35W、50W、100W等多种，射灯的灯杯规格为$\phi40～\phi80$mm不等，其中35W的石英射灯价格为5～10元／个。

　　施工时，射灯应该搭配在以石膏板为吊顶基面的防火材料上使用，易燃材质的顶棚上不能安装此类灯具。如果灯珠的玻璃管壁上沾染了油污，将会影响灯珠的寿命，需要用酒精进行清除。

图4-62　射灯灯珠

图4-63　筒装射灯

图4-64　滑轨射灯

图4-65　装饰射灯

3. 荧光灯

荧光灯又被称为低压汞灯，它是利用低气压的汞蒸气在放电过程中辐射紫外线，从而使荧光粉发出可见光的原理发光，从外形上主要可以分为条形、U形、环形等种类（图4-66～图4-68）。不同荧光粉发出的光线也不同，因此，荧光灯有白色与彩色等多种产品。荧光灯的发光效率远比白炽灯和卤素灯高，是目前最节能的环保光源。

条形荧光灯主要分为T2、T3、T4、T5、T6、T8、T10、T12等多种型号，其功率从6～125W不等。其中长600mm的T4型荧光灯管价格为15～20元／个。荧光灯品种繁多，选购时应该选择品牌、知名度较好且市场占有率较高的产品。

安装荧光灯时，灯具带电体不能外露，装入灯座后，人的手指应不能触及带电的金属灯头（图4-69）。

4. 节能灯

节能灯又被称为省电灯泡、电子灯泡、紧凑型荧光灯及一体式荧光

图4-66 条形荧光灯

图4-67 U形荧光灯

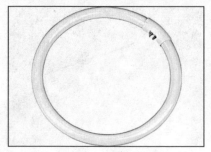

图4-68 环形荧光灯

图4-69 荧光灯安装

图4-70 螺旋形节能灯

图4-71 直形节能灯

灯，是指将荧光灯与镇流器组合成一个整体的照明设备。节能灯的尺寸与白炽灯相近，与灯座的接口也和白炽灯相同，所以可以直接替换白炽灯，是一种新型环保产品（图4-70、图4-71）。

节能灯的工作原理与荧光灯类似，具有光效高，其光效是普通白炽灯的5倍，节能效果明显，寿命长，体积小，使用方便等优点，如5W的节能灯光照度约等于25W的白炽灯。节能灯的灯管形式多样，不同的外形适应不同的装配需求，部分产品还在灯管外面再罩一个透明或磨砂的外罩，用于保护灯管，使光线柔和，有白、黄、粉红、浅绿、浅蓝等多种色彩（图4-72、图4-73）。直管形节能灯的功率为3~240W，其中8W的节能灯价格为15~25元／个。

安装时应该保证灯头（铁、铜或铝）与塑料件的结合紧密，灯管与

★装修顾问★

现代家装灯具选用趋势

现代家居装修的风格呈多元化发展，对灯具的选用没有明确的限制，一般根据各地市场销售状况选择产品。灯具的选购趋势主要追求高亮度与低能耗。

高亮度是指室内灯具数量虽少，但要求发光效率高，多选用节能灯或LED灯，为了避免强烈的光源产生眩光而刺眼，一般会在灯具上配有灯罩或灯片，能够有效地将直射光源变成散射光源，保持亮度不衰减或少衰减的情况下扩大灯具的照明面积。因此，选择灯具还要关注灯罩或灯片的透光性能。追求低能耗的关键在于选择灯具的发光体，节能灯或LED灯虽然能够有效节约能耗，但是伪劣产品的照明强度并不高，并不能达到低能耗的效果。因此要选用正宗的品牌产品。

图4-73　吊灯内安装节能灯

图4-72　落地灯内安装节能灯　　　　　图4-74　LED软管灯带

下壳的塑件结合牢靠，上壳塑件与下壳塑件卡位应当紧固，保证高温下不会脱离。

5. LED灯

　　LED灯也被称为发光二极管等，是一种能够将电能转化为可见光的半导体，它的基本结构是一块电致发光的半导体材料，置于一个有引线的架子上，四周用环氧树脂外壳密封，起到保护内部芯线的作用。LED灯属于新型节能环保产品（图4-74～图4-76）。

　　LED灯点亮无延迟，响应时间快，抗震性能好，无金属汞毒害，发光纯度高，光束集中，体积小，无灯丝结构因而不发热、耗电量低、寿命长，正常使用在6年以上，发光效率可达90%。LED使用低压电源，供电电压在6～24V之间，耗电量低，所以使用更为安全。目前，LED灯的发光色彩不多，发光管的发光颜色主要有红色、橙色、绿色（又可细分黄绿、标准绿和纯绿）、蓝色、白色等。另外，有的发光二极管中包含2～3种颜色的芯片，可以通过改变电流强度来变换颜色，如小电流时

图4-75　LED吊灯

图4-76　LED灯带

为红色的LED，随着电流的增加，可以依次变为橙色、黄色，最后为绿色，同时还可以改变环氧树脂外壳的色彩，效果丰富。

　　LED灯的具体规格根据实际空间进行选用，常用的LED灯带的功率是3.6～14.4W/m，单色LED灯带的价格一般为10～15元／m。筒灯或射灯造型的LED灯价格一般为20～50元／个。

　　施工时特别注意，任何LED灯都要配置镇流器，发光二极管外部不能接触任何灯罩等材料，否则会因放置过热而自燃。

6. 光纤灯

　　光纤灯是由光源、反光镜、滤色片及光纤组成（图4-77、图4-78）。当光源通过反光镜后，形成一束近似平行光，由于滤色片的作用，又将该光束变成彩色光，当光束进入光纤后，彩色光就随着光纤的路径送到预定的地方。由于光在途中的损耗，所以光源一般都很强。而且，为了获得近似平行光束，发光点应该尽量小，近似于点光源。反光镜是能否获得近似平行光束的重要因素，所以一般采用非球面反光镜。

图4-77　光纤台灯

图4-78　光纤吊灯

滤色片是改变光束颜色的零件，根据需要可以调换不同颜色的滤光片进而获得相应的彩色光源。

光纤灯的具体规格应该根据实际空间进行选购，一般以吊灯形式的产品居多，常用光源的功率为150～250W，价格一般为2000～5000元／套。选购时提醒消费者应该注意，光纤灯的价格相对昂贵，因为其光源发生器目前无其他产品可以替代。

安装光纤灯要用水平尺与铅垂线校正光纤的角度，保证照明的最终效果。应特别注意光纤灯基座的水平度，这样才能保证光纤垂挂的最终效果。

7. 成品灯具

成品灯具即是采用上述灯具为发光体，加上各种外部装饰、功能构件组装生产的灯具，可以直接安装在电路末端。成品灯具的价格差距很大，应该根据不同空间与设计风格进行选购。目前，在家居装修中，常用的成品灯具主要有以下几种。

1）吸顶灯

吸顶灯又被称为顶棚灯，它是一种直接安装在顶棚表面的灯型，由基座、灯座、灯罩和电光源等部分构成，因其基座隐藏在顶棚内而得名（图4-79、图4-80）。吸顶灯常用的电光源有白炽灯、荧光灯、LED灯等。灯罩形式多样，各种灯型因其结构不同，发光情况也不同，大致可以分为下向投射型、散光（漫射）型及全面照明型等几种。

吸顶灯内一般有电子镇流器，能够提高灯和系统的光效，能瞬时启动，延长灯的寿命。吸顶灯温升小、无噪声、体积小、重量

图4-79　吸顶灯（一）

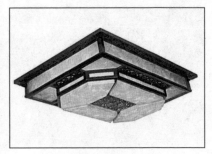

图4-80　吸顶灯（二）

轻。吸顶灯的规格可以根据需求选购成品，常用边长或直径的规格为200～800mm。吸顶灯安装时要注意灯罩与基座之间的密封性，必要时可以填补玻璃胶，能够防止灰尘落入灯罩内影响照明效果。

2）筒灯

筒灯是一种嵌入到吊顶或家具内的下射式的照明灯具（图4-81、图4-82）。它的最大特点就是能够保持建筑装饰的整体统一与完美，不会因为灯具的设置而破坏吊顶艺术的完美统一。

从光源发射的方向看，筒灯是属于定向式照明灯具，只有它的对立面才能受光，光束角属于聚光，光线较集中，明暗对比强烈。更加突出被照物体，流明度较高，更能衬托出环境的安静气氛。它的结构优点是把光源隐藏在装修内部，而且要求吊顶具有一定的顶部空间，一般吊顶内的空应≥150mm才能安装，光源不外露，无眩光，人的视觉效果柔和、均匀。从照明的途径来看，它包括间接照明与直接照明，筒灯属于直接照明，光线通过反射罩直接射出，灯具效率达到85%左右。

常用筒灯的规格为$\phi60～\phi280$mm。筒灯的主要问题出在灯口上，劣质筒灯的灯口不耐高温，易变形，导致灯泡拧不下来。安装筒灯应该特别注意电线接头的密封效果，安装后接头不能搭落在筒灯的金属构件上，否则容易造成各种用电事故。

3）台灯

台灯是放置在台面上的功能灯具，按使用功能可以分为书写台灯与装饰台灯（图4-83、图4-84）。书写台灯是目前市场的主流，一般选用节能灯为发光光源，灯罩角度和灯光强度可以随意调节，长时间工作不

图4-81 筒灯

图4-82 筒灯的安装

图4-83 书写台灯

图4-84 装饰台灯

会使人疲劳，经济实惠。为了方便学习工作，台灯上还附加有钟表、电话、日历等设备。装饰台灯作为局部照明的主体，一般选用玻璃灯罩，以白炽灯为发光光源，造型简洁。

我国的交流电为50Hz，即每秒变化50次，直接使用交流电的台灯都有闪动，直接应用交流电的台灯都会对眼睛有所伤害，因此要将普通50Hz的交流电变成高频交流电，这样台灯即为高频台灯或护眼台灯，能够有效保护视力。

大多数台灯是通过插头连接电源的，且插头的构造比较简单，容易松动，在施工时可以将预留给台灯的插座拆开，用钳子加紧其中的铜质插片，这样能够保证台灯安全使用。

4）落地灯

落地灯是指通过支架或各种装饰形体将发光体支撑于地面的灯具，一般由灯罩、支架、底座三部分组成，其造型挺拔、优美。落地灯的灯罩要求简洁大方、装饰性强。落地灯是小区域的主照明灯，照明不讲究全面性，而强调移动的便利性，对于角落气氛的营造十分有利，可以通过不同照度与室内其他光源配合，引起光环境的变化。同时，落地灯造型独特，也成为室内一件精致的摆设（图4-85～图4-87）。

落地灯通常分为上照式与直照式两种。上照式落地灯的光线照到顶面后再漫射下来，均匀散布在室内。这种间接的照明方式，光线比较柔和，对人眼刺激小还能在一定程度上使人心情放松。上照式落地灯要考虑天花板的高度，天花板过低会造成光线集中、生硬。直照式落地灯类

图4-85　落地灯（一）

图4-86　落地灯（二）

图4-87　落地灯（三）

似台灯，光线集中，既可以在关掉主光源后作为小区域的主体光源，又可以作为夜间阅读时的照明光源。直照式落地灯的灯罩下沿最好比人的眼睛低，应避免在阅读区域附近安装镜子及玻璃制品。

落地灯的开关多为放在地面上的脚踩开关，应当采用双面泡沫胶将其固定在地砖或木地板上，如果地面是地毯，可以在开关背后用502万能胶粘接绒布贴，再将其粘贴至地毯上即可。

5）壁灯

壁灯又被称为托架灯，通过安装在墙面上的支架器进行承托灯头，一般以整体照明或局部照明的形式照亮所在的顶面、墙面、地面，可以在吊灯、吸顶灯为主体照明的空间内作为辅助照明，弥补顶面光源的不足，与其他光源交替使用，照明效果生动活泼，同时也是一种墙面的重要装饰手段（图4-88、图4-89）。

壁灯的灯光以柔和为好，功率应≤60W，另外要根据安装需要选择不同类型的壁灯，如小空间就用单头壁灯，大空间就用双头壁灯，空间

图4-88　壁灯（一）

图4-89　壁灯（二）

特别大可以选择厚重些的壁灯，反之就选薄一些的产品。壁灯在安装时的高度应该距离地面为1.8～2.2m，卧室的壁灯距离地面可以低一些，大约为1.4～1.7m。在铺贴有壁纸的墙面上安装壁灯，最好选用有保护罩的灯泡，这样可以防止引燃壁纸。

6）镜前灯

镜前灯即梳妆镜前的灯具，一般安装在卫生间或卧室梳妆台的镜子上方，镜前灯不仅实用性强，还可以起到点缀空间的作用，使得梳妆镜不再显得单调（图4-90、图4-91）。

镜前灯所使用的光源一般采用日光灯或者射灯，其灯罩的材料多样化，有不锈钢、铝合金、亚克力等。镜前灯样式可以根据装修风格进行选择，如现代简约风格可以选用金属材质产品，古典风格可以选用铜质或电镀金属材质产品。安装镜前灯应特别注意，电线不仅不能外露，更不能与墙面直接接触，避免漏电，应在电线与墙面之间垫隔耐火绝缘层，如PVC板等，也可以将小规格的PVC穿线管套接在灯内的电线表面。

8. 灯具选购方法

1）观察外观

购买灯具时应该仔细查看灯具上的标识信息是否齐全，如品牌、产地、商标、型号、额定电压、额定功率等，判断其是否符合使用要求，如果超出额定功率很有可能发生危险（图4-92、图4-93）。

2）防触电保护

注意灯具是否具备防触电保护功能，当灯具通电后，人应该触摸不到带电部件，不会存在触电危险。如果买的是白炽灯，将灯泡装上

图4-90　镜前灯（一）

图4-91　镜前灯（二）

图4-92　观察外观

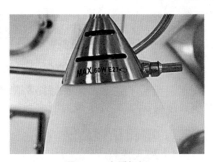

图4-93　查看标识

去后，在不通电情况下，用小手指应该触摸不到带电的部件，则说明其防触电性能是符合要求的。灯具上使用的导线最小截面为0.5mm²，有的厂家为降低成本，全部导线均为0.5mm²，这样就有可能使电线烧焦，绝缘层烧坏后发生短路，甚至产生危险。购买时应该仔细查看灯具内不同导线绝缘层上的文字信息，确定导线是否符合安全标准。

3）关注灯具结构

仔细观察灯具的结构，尤其关注导线经过的金属管出入口处的状态，应该无锐边，以免管口割破导线，造成金属件带电，产生触电危险。台灯、落地灯等可移动式灯具在电源线入口应该有导线固定架，其作用是防止电源线扭动时触及发热元件而导致危险。购买的灯具一般为分解状态，无法看出各部件之间的连接构造，但是可以关注灯具上各配件的生产工艺，看其是否精致，这也是决定灯具品质的关键（图4-94、图4-95）。

图4-94　关注结构（一）

图4-95　关注结构（二）

七、电路线材施工

电路线材施工内容较多，工艺复杂，在家居装修中涉及的面积最大，遍布整个住宅，全部线路都隐藏在顶、墙、地面及装修构造中，需要严格操作。

1. 电路布设方法

1）施工流程

首先，根据完整的电路施工图现场草拟布线图，使用墨线盒弹线定位，用铅笔在墙面上标出线路终端插座、开关面板的位置。对照图纸检查是否有遗漏。

然后，在顶、墙、地面开设线槽，线槽宽度及数量根据设计要求进行设定（图4-96、图4-97）。埋设暗盒并敷设PVC或金属穿线管，将单股线穿入管中，复杂电路应该对穿线管进行分色（图4-98~图4-101）。

图4-96 开设线槽

图4-97 预留暗盒位置

图4-98 穿管布设

图4-99 封闭墙面线槽

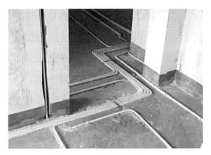

图4-100　地面布设（一）

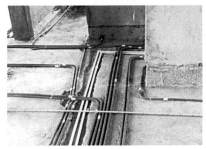

图4-101　地面布设（二）

接着，安装空气开关、各种开关插座面板、灯具，并通电检测。

最后，根据现场实际施工状况完成电路布线图，备案并复印交给下一工序的施工员。

2）施工要点

设计布线时，执行强电走上，弱电在下，横平竖直，避免交叉，美观实用的原则。使用切割机开槽时深度应当一致，一般要比穿线管的直径宽10mm左右。

住宅入户应设有强弱电箱，配电箱内应设置独立的漏电保护器，分数路经过控开后，分别控制照明、空调、插座等。空开的工作电流应该与终端电器的最大工作电流相匹配，一般情况下，照明10A，插座16A，柜式空调20A，进户共40~60A（图4-102、图4-103）。施工中所使用的电源线截面积应该满足用电设备的最大输出功率，一般情况下，照明1.5mm^2，插座及空调挂机2.5mm^2，空调柜机4mm^2，进户线8~10mm^2。

图4-102　空气开关组合

图4-103　空气开关安装

　　PVC管应该用管卡固定，PVC管接头均用配套接头，用PVC胶水粘牢，弯头均用弹簧弯曲构件。如果条件允许，可以采用抗压性能更好的金属穿线管，金属管应该采用围管器加工成转角弧形，或采用弧形转角管连接，埋在地面瓷砖下的穿线管一般倾斜布置，避免缩胀后造成地面不平整（图4-104~图4-106）。瓷砖暗盒、拉线盒与穿线管都要用螺钉固定。穿线管安装好之后，统一穿电线，同一回路的电线应该穿入同一根管内，但管内总根数不应该超过8根，电线总截面积（包括绝缘外皮）不应该超过管内截面积的40%（图4-107）。

　　插座用SG20管，照明用SG16管。当管线长度超过15m或有两个直角弯时，应该增设拉线盒。吊顶上的灯具位应设膨胀螺钉固定。穿入配管导线的接头应该设在接线盒内，线头要留有150mm左右的余量，接头搭接应该牢固，绝缘胶带包缠应该均匀紧密（图4-108、图4-109）。安装电源插座时，面向插座的左侧应该接零线（N），右侧应该接火线（L），中间上方应该接保护地线（PE）。保护地线为2.5mm^{2}的双色软线，

图4-104　金属穿线管

图4-105　金属穿线管转角

图4-106　埋设在瓷砖下的穿线管

图4-107　线管中的电线

图4-108 绝缘胶带

图4-109 绝缘胶带包缠电线

图4-110 地面电线布设（一）

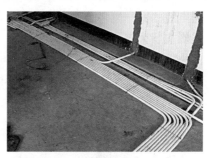

图4-111 地面电线布设（二）

导线之间与导线对地之间的电阻必须≥0.5Ω。

　　电源线与通讯线不能穿入同一根管内。电源线及插座与电视线及插座的水平间距应≥300mm。电线与暖气、热水、煤气管之间的平行距离应≥300mm，交叉部位的距离应≥100mm。地面布设电线穿管应与地面紧贴，如果地面铺装带有龙骨的实木地板或地砖，可以直接将穿线管固定在地面上，如果地面准备铺装复合木地板或地毯，则应该在地面开设线槽，由于常规住宅的地面抹灰层厚度为50mm，那么线槽的深度一般应＜50mm，一般以20～30mm为佳，不宜破坏抹灰层（图4-110、图4-111）。

　　各类电源插座底边距离地面高度为300mm，开关距离地面高度为1300mm。挂壁空调插座高度为1800mm，厨房各类插座高度为950mm，挂式消毒柜插座高度为1800mm，洗衣机插座高度为1000mm，电视机插座高度为650mm。同一室内的开关插座面板高差应＜5mm。安装开关插座面板及灯具宜安排在最后一遍乳胶漆之前。

2. 电路维修方法

当装修电路发生故障后，应该经过多次检测最终确定故障原因，断电后再开始维修，一般可以分为以下情况分别进行修理。

1）更换电线

更换电线是指将埋设在墙体、地面中的坏损电线抽出，更换成新的电线。首先，需要同时拆除坏损电线的两端接头，一般为开关插座面板内的线头与连接电器设备、灯具的接头。然后，从面板这端将电线用力向外试着拉动（图4-112），如果能拉动则说明该线管内比较空。接着，将电线的另一端绑上新电线，绑扎应该牢固，接头应该保持平滑圆整，呈螺旋状为佳（图4-113）。最后，确定牢固后，从这端用力开始正式向外拉，这样就可以将整条坏损的电线抽出，同时能够将绑扎的新电线换入传线管内，这样就完成了整根电线的更换（图4-114）。

图4-112　用力拉出

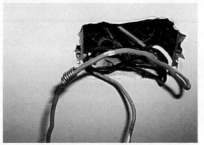

图4-113　绑接电线

★装修顾问★

电线坏损的原因

导致电线坏损的原因主要有电线受潮短路、电流负荷过大、外力挤压破损等。电线受潮短路多发生在厨房、卫生间或室外。受潮部位多为电线接头处或接线暗盒中，多数情况下保持干燥即可恢复正常。电流负荷过大是指电线连接的电器设备功率过高，导致电线发热融化绝缘层造成短路，这种情况只能重新更换更粗的电线，满足使用需求。外力挤压破损常发生在装修施工中，墙体、地面中的水泥砂浆或其他材料将电线的保护套管挤压破裂，导致电线断开，这种情况只能将压迫材料拆除，重新布设电线，因此，一定要在封闭管线槽之前通电检测，并仔细施工避免破坏电线。

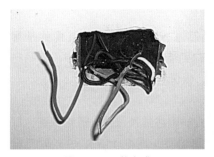

图4-114　更换完成

图4-115　拆开面板

这种方法适用于穿接硬质PVC管的单股电线，因此，最好在装修时预埋金属穿线管，如果中途转折过多则很难将电线拉出来。

2）并联电线

如果电线坏损实在无法抽出更换，只能将损坏的线路并联到正常的线路上，让1个开关控制2个灯具或电器，或让1条线路分出2个插座。

首先，拆下插座面板，检查损坏的线路，确定坏损电线（图4-115）。然后，将坏损的线路拆下并剪断，注意，一定要辨清线路之间的关系（图4-116）。接着，将完好的线路并联到相邻插座的端子上（图4-117）。最后，还原插座面板，通电检测即可。

并联电线时要注意，不能超负荷连接，避免再次损坏。普通1.5mm^{2}的电线一般只能负荷1500W以下的电器，2.5mm^{2}的电线不要超过2500W，至于空调线路还是应该单独分列，不能与其他电器共用。并联电线仅仅是一种补救电路的方法，不能用于大功率电器设备长时间连接使用。

图4-116　辨清线路

图4-117　并联线路

3. 灯具安装方法

灯具的样式很多，但是安装方法基本一致，需要特别注意的是客厅、餐厅大型吊灯的组装工艺，最好购买带有组装说明书的中、高档产品。下面介绍顶面日光灯的安装方法，供借鉴参考。

1）施工流程

首先，处理电源线接口，将布置好的电线终端按需求剪切平整，打开包装查看灯具及配件是否齐全，组装灯具（图4-118），并检验灯具工作是否正常。

然后，根据设计要求，在墙面、顶面或家具构造上放线定位，确定安装基点，使用电钻钻孔，并放置预埋件（图4-119）。

接着，逐个连接灯具电线的接头并安装开关面板，并将灯具固定到位（图4-120、图4-121），安装灯具上的发光体，即灯泡，灯泡安装后应该进行通电调试（图4-122）。

最后，确定灯具安装正确无误，组装外部装饰构造（图4-123、图

图4-118　灯具组装

图4-119　电锤钻孔

图4-120　安装基座

图4-121　连接电线

图4-122 安装灯管

图4-123 安装灯罩

图4-124 安装端口

图4-125 安装完成

4-124），观察外观是否整齐一致，清理施工现场（图4-125）。

2）施工要点

灯具安装前应该熟悉电气图纸，检查灯具型号、规格、数量要符合设计用规范的要求。安装任何电气照明装置一般都应该采用预埋接线盒、吊钩、螺钉、膨胀螺栓或塑料塞等固定方法，严禁使用木楔固定，每个灯具固定用的螺栓应≥2个。

照明灯具在易燃结构、装饰部位及木器家具上安装时，灯具周围应该采取防火隔热措施，并选用冷光源的灯具。室内安装壁灯、床头灯、台灯、落地灯、镜前灯等灯具时，高度≤2.4m及以下的灯具，其金属外壳均应接地，保证使用安全。

在卫生间、厨房装小型灯头时，宜采用瓷螺口小型灯头。螺口灯头的零线、火线（开关线）应该接在中心触点的端子上，零线接在螺纹端子上。台灯等带开关的灯头与开关手柄不应该有裸露的金属部分。装饰吊平顶安装各类灯具时，应该按灯具安装说明的要求进行安装。灯具重量≥3kg时，应该在顶面楼板上钻孔，预埋膨胀螺栓固定安装构造，不能直接在吊顶龙骨的支架上安装灯具，同时，布设在吊顶或护墙板内的暗线必须有阻燃套管保护。

参考文献

［1］宋岩丽. 建筑与装饰材料［M］. 北京：中国建筑工业出版社，2010.

［2］李继业. 新编建筑装饰材料实用手册［M］. 北京：化学工业出版社，2012.

［3］隋良志，李玉甫. 建筑与装饰材料［M］. 天津：天津大学出版社，2008.

［4］郭道明. 实用建筑装饰材料手册［M］. 上海：上海科学技术出版社，2009.

［5］李维斌. 国内外建筑五金装饰材料手册［M］. 南京：江苏科学技术出版社，2008.

［6］李永盛. 新编常用建筑装饰装修材料简明手册［M］. 北京：中国建材工业出版社，2010.

［7］张伟，郝晨生. 金属材料［M］. 长沙：中南大学出版社，2010.

［8］杨清德. 全程图解电工操作技能［M］. 北京：化学工业出版社，2011.

阅读调查问卷

　　诚恳邀请购书读者完整填写以下内容，填写后用手机将以下信息、购书小票、图书封面拍摄成照片发送至邮箱：jzclysg@163.com，待认证后即有机会获得最新出版的家装图书1册。

姓名：_____　性别：_____　年龄：_____　学历：_____
年收入：_____　电子邮箱：_____　QQ：_____
邮寄地址：_____

您认为本书文字内容如何：□很好　□较好　□一般　□不好　□很差
您认为本书图片内容如何：□很好　□较好　□一般　□不好　□很差
您认为本书排版样式如何：□很好　□较好　□一般　□不好　□很差
您认为本书定价水平如何：□昂贵　□较贵　□适中　□划算　□便宜
您希望单册图书定价多少：□20元以下　□20～25元　□25～30元
□30～35元　□35～40元　□40～45元　□45～50元　□50元以上
您认为本书哪些章节最佳：□1章　□2章　□3章　□4章
您希望此类图书应增补哪些内容（可多选或填写）：
□案例欣赏　□理论讲解　□经验总结　□材料识别　□施工工艺
□行业内幕　□国外作品　□消费价格　□产品品牌　□厂商广告
其他：_____

请您具体评价一下本书，以便我们提高出版水平（100字以上）：

_____
_____
_____
_____
_____
_____